LEÇONS

DE

ZOOLOGIE GÉNÉRALE.

PARIS, IMPRIMERIE ADMINISTRATIVE DE PAUL DUPONT,

Rue de Grenelle-Saint-Honoré, n° 55.

LEÇONS

DE

ZOOLOGIE GÉNÉRALE

Pour servir d'Introduction

À L'ÉTUDE DE L'ORNITHOLOGIE,

PUBLIÉES

SOUS LES AUSPICES DE M. ISIDORE GEOFFROY-SAINT-HILAIRE.

Par M. Alphonse BLANC,

Licencié ès-sciences naturelles.

PRIX : 3 FRANCS.

PARIS,

CHEZ J.-B. BAILLIÈRE, LIBRAIRE,

Rue de l'École-de-Médecine, 17.

1848

COURS D'ORNITHOLOGIE

OU

DE L'HISTOIRE NATURELLE DES OISEAUX.

M. Isidore Geoffroy-Saint-Hilaire, professeur.

Analyses extraites du *Journal général de l'instruction publique*, par M. A. Blanc (1847).

§ 1.

En abordant l'étude des sciences naturelles, on est effrayé de l'immensité et de la diversité des objets qu'elles offrent à notre méditation, et lorsqu'on est entré dans cette voie qui nous est ouverte, il semble que le but va sans cesse en s'éloignant, et que plus on est près de l'atteindre, plus il nous échappe et fuit devant nous. Au premier abord, il nous paraît qu'il devrait en être autrement; car, combien plus de ressources n'avons-nous pas pour l'atteindre, et combien plus parfaits sont nos méthodes et nos moyens d'investigation si on les compare à ceux de nos devanciers! D'où vient donc que ces difficultés vont sans cesse en croissant, augmentent de nombre et d'intensité? La réponse est facile et la solution se trouve dans la difficulté même. En effet, plus l'homme acquiert de moyens de connaître, de découvrir la vérité, plus ses méthodes se perfectionnent et plus aussi le champ de ses observations devient vaste, son horizon s'agrandit et le but auquel il tend fuit et se trouve reculé d'autant. L'astronomie nous en fournit un bel exemple : avant que ses méthodes fussent perfectionnées, lorsque, le télescope étant inconnu, les yeux seuls, ou aidés d'instruments grossiers et imparfaits, lisaient dans le ciel, que le soleil avait paru à quelques philosophes grecs, grand comme le Péloponèse, que le nombre des étoiles était fixé à 20,000, on pouvait espérer, à juste titre, de perfectionner facilement cette science, d'en systématiser tous les faits. La découverte du télescope vint détruire cet espoir, et en nous découvrant l'infini en grandeur, elle a ajourné ce moment pour toujours. Il en a été de même en histoire naturelle : le microscope est venu, et, nous laissant voir l'infini en petitesse, il a tellement agrandi le champ des observations, que les naturalistes pourront poursuivre leur but sans pouvoir jamais l'atteindre. Non-seulement il nous fait connaître l'organisation des êtres dans ses plus petits détails mais encore il nous découvre des myriades d'animaux que jamais l'œil n'a pu voir, ni l'imagination soupçonner ; et, à chaque perfectionnement apporté à cet instrument, le cercle de nos connaissances s'étend ; cercle immense dont le centre est partout et la circonférence nulle part. Infini du nombre, infini de la petitesse ! tel est le champ, si je peux m'exprimer ainsi, qu'est appelé à cultiver le naturaliste.

Si l'on suit M. Bürmeister dans son estimation du nombre des espèces que renferme la classe des insectes, on arrive au chiffre de 78,000, dont 36,000 appartiennent au seul ordre des coléoptères. Pour les oiseaux, on en compte 4,000. Le nombre des espèces dans la classe des mammifères est moindre : au commencement du dix-huitième siècle, on n'en connaissait que 275 ; Buffon en a décrit 333 ; dans l'ouvrage de M. Desmarets, publié en 1820, il s'en trouve 800, et depuis, il en a été ajouté un grand nombre. En supputant ainsi le nombre des espèces de chaque classe du règne animal, on arrive au chiffre rond de 140,000. Si donc l'on suppose un homme consacrant dix heures de travail par jour, et cela durant quarante ans, il pourra donner une heure à l'examen de chaque espèce. Or, si ce temps suffit pour connaître les caractères de deux espèces voisines, les distinguer l'une de l'autre, en est-il de même quand on veut étudier un animal dans son organisation la plus intime, l'approfondir dans ses mœurs, déterminer ses rapports avec les autres êtres. On recule effrayé devant un pareil résultat. Qui ne sait, du reste, que le célèbre Lyonnet a mis quarante années de sa vie à l'étude de la chenille du saule, dont il a décrit 4,000 muscles. Les vaisseaux et les nerfs sont encore plus nombreux. Pour un seul insecte deux Lyonnet! Qui osera aborder une telle étude! Par quels moyens surmonter tant de difficultés! vaincre tant d'obstacles!

L'homme a en lui deux puissances par lesquelles il peut arriver à ce résultat presque inespéré. S'il meurt comme individu, il ne meurt point comme espèce; sa race se perpétue, et ce qu'un siècle n'a pu qu'ébaucher, un autre l'achèvera. Ce moyen n'est pas le seul : il est un autre dont l'exemple est fréquent dans la nature, nous voulons dire la division du travail. Bien qu'immenses dans leurs résultats, ces deux forces, comme nous le verrons plus loin, seraient insuffisantes à résoudre le problème s'il ne venait s'y ajouter d'autres éléments de solution.

Dans le principe, alors que les sciences ne se composaient chacune que de peu de notions spéciales, ceux qui les cultivaient, les embrassaient toutes : les Sages chez les Grecs, les Prêtres des Egyptiens, les Mages perses, les Brames de nos jours dans l'Inde en sont des exemples frappants. Au quinzième siècle les sciences métaphysiques et d'observation proprement dites se séparent. Le nombre des connaissances s'était considérablement accru pour chaque science : le résultat inévitable devait être la scission entre les diverses branches de la synthèse primitive. Un autre résultat, aussi inévitable et fatal, était la spécialisation des hommes, si je peux ainsi dire, en même temps que celle des faits. Le même homme, les faits se multipliant par trop, ne cultive que les sciences du même ordre. Au dix-huitième siècle, cette ligne de démarcation devient plus saillante, cette scission plus profonde. Le savant pourra cultiver seulement les sciences ayant une commune origine : Linnée sera à la fois naturaliste et médecin; Buffon, physicien et zoologiste. Dans des temps plus rapprochés de nous, cette étude parallèle de deux sciences, sœurs, pour nous servir de l'heureuse expression du professeur, sera devenue impossible : nous aurons des zoologistes et des botanistes seulement, et parmi eux, plus tard encore, des mammalogistes, des ornithologistes, des entomologistes, etc., de même que des cryptogamistes et des phanérogamistes. Les faits sont même devenus si nombreux qu'une plus grande division du travail est nécessaire ; et les coléoptères, les lépidoptères, quelquefois même les êtres d'un groupe plus restreint, d'une contrée circonscrite ont trouvé leurs historiens particuliers. On le voit, nous sommes loin du point de départ ; et la différence entre les Sages de la Grèce et notre Lamark, tout à la fois botaniste et zoologiste, est immense.

Si cette division du travail est indispensable à la formation, au développement de toute science, elle est loin de suffire à tous ses besoins ; il lui faut un complément, je dirai plus, un correctif, car, au delà de certaines limites, cette division est plus nuisible qu'utile à la science ; elle l'étouffe sous le nombre des matériaux, des faits qu'elle amasse et entasse chaque jour. La synthèse, tel est le moyen à employer pour contrôler les résultats de l'analyse fournis par la division du travail. L'astronomie a déjà accompli ce progrès : Képler et Newton en ont déjà systématisé les faits, donné les lois dominatrices de tous ceux connus ou à connaître dans cet ordre de nos connaissances. En est-il de même en histoire naturelle ? Existe-t-il un principe autour duquel tous les faits viennent se grouper ; des notions générales reliant entre elles toutes les notions particulières déterminées ou encore à fixer ? Pour nous, nous pensons que ce pas est fait, que ce guide est offert au naturaliste, et que l'étude des lois est un fait capital dans les sciences naturelles.

L'analyse et la synthèse sont donc un double besoin de la science ; toutes deux lui sont nécessaires. Bien qu'inverses et contraires, ces deux méthodes ne s'excluent pas ; elles sont complémentaires l'une de l'autre ; elles se prêtent un mutuel appui ; la synthèse même n'est possible qu'à la condition d'une bonne analyse ; car on ne peut systématiser les faits, les ramener à l'unité, s'ils n'ont été préalablement séparés et analysés. C'est en suivant cette voie que Buffon est parvenu à poser ces belles lois de la répartition des espèces à la surface du globe. Buffon n'était pas zoologiste ; il ne connaissait même bien que les mammifères. C'est en étudiant ces animaux qu'il parvint à établir ces lois si remarquables. Une fois connues pour cette classe, il suffisait de les appliquer aux autres groupes d'animaux. Comme on le voit, le problème, que l'on aurait pu croire insoluble, et qui l'était si on avait embrassé la totalité des être vivants, devenait plus simple ainsi restreint. Il restait une difficulté : ces lois applicables aux mammifères, l'étaient-elles aux oiseaux ? Buffon en fit l'application, et il les trouva vraies dans de certaines limites. Du reste, tout naturaliste doit suivre l'exemple donné par Buffon dans ce cas : il doit connaître, de la manière la plus approfondie, la plus minutieuse même, l'organisation d'une certaine classe, et avoir des notions générales et étendues cependant sur les autres animaux ; de cette façon, il pourra, par une simple extension, vérifier si les lois qui régissent le premier groupe sont encore admissibles dans de certaines limites et de certaines proportions, pour ceux qu'il ne connaît pas d'une manière aussi particulière : ainsi a procédé M. Etienne Geoffroy Saint-Hilaire dans la question des analogies. Avant de faire une synthèse, il fut obligé d'étudier l'ostéologie des poissons dans ses plus petits détails, et ce fut alors qu'il put comparer entre eux le squelette des poissons avec ceux des oiseaux et des mammifères. Cet avantage des lois n'est pas le seul : leur connaissance facilite l'étude des faits, agrandit les horizons de la science, en recule les limites.

Toutes les lois dans les sciences naturelles sont de deux sortes, et nous n'y connaissons que des lois d'*harmonies* et des lois d'*analogies*. Les lois d'harmonies sont celles que nous *concevons* tendre à la conservation des individus et des espèces. Les autres lois peuvent bien tendre à ce même but, mais nous ne concevons pas qu'il en soit ainsi forcément et fatalement. Les lois d'harmonies sont *individuelles* ou *générales*, selon qu'elles expriment les rapports qui unissent les organes dans un même animal, ou ceux qui rattachent les animaux entre eux, ou, en troisième lieu, aux autres êtres. La première de ces lois est reconnue et admise par tous les naturalistes, car il est évident que tous les organes d'un même individu, tendant à sa conservation, doivent être dans la plus complète harmonie pour atteindre ce but : mais s'il n'y a pas de divergence quant à la constatation même de la loi, il n'en est plus ainsi en ce qui concerne l'explication de ce fait; il reço deux interprétations diamétralement opposées. Une des plus belles applications de ce principe, un de ces corollaires les plus remarquables, est sans contredit la création de la palœontologie, due au génie de Cuvier. C'est en s'appuyant d'un côté sur cette loi, et de l'autre sur une comparaison approfondie des os des animaux vivants avec les ossements fossiles, qu'il a pu fonder et créer cette science. Les lois de la géographie zoologique prennent leur point d'appui dans l'harmonie qui doit exister entre les organes d'un animal et le milieu ambiant dans lequel il se trouve. C'est ici que se place, tout naturellement et comme corollaire inévitable, la grande question de la variabilité des espèces ; question si controversée entre les naturalistes, non pas qu'aucun la rejette, car tous l'admettent au contraire, et la divergence n'existe pas sur le principe en lui-même, mais bien sur son extension et les limites que l'on doit lui assigner.

Si les lois d'harmonie sont admises par tous les zoologistes, au moins dans de certaines limites, il n'en est plus de même pour les lois d'analogie. Notre esprit ne les conçoit pas nécessaires comme les précédentes, ou, si elles le sont, cette nécessité nous échappe ; aussi, quoique démontrées par l'observation et le raisonnement, beaucoup de naturalistes les rejettent par des motifs que nous exposerons plus tard. Cependant, en fait, la loi d'analogie est la base de toute classification, et, en ce point du moins, elle est tacitement reçue par tous. Prenons un exemple pour fixer les idées : une fois les caractères du genre chat déterminés, tout animal qui les présentera sera placé dans ce groupe ; nul ne pensera à faire une autre étude que celle des caractères zoologiques, et jamais l'observation n'est venue démentir cette analogie. Bien plus si un animal ne peut être rangé dans ce genre, on en fera un nouveau, voisin de celui des chats. On déterminera donc les affinités de cet être en se fondant encore sur les caractères zoologiques seulement, et ainsi de suite. En s'avançant de proche en proche on déterminera par voie d'analogie les affinités des animaux d'un certain groupe. Ce n'est point en cette application que les opinions sont divergentes, mais sur les analogies qui peuvent exister entre les diverses classes du règne animal.

Comme les lois d'harmonies, celles d'analogies sont *individuelles* ou *générales* : les unes et les autres suivent une marche parallèle. Les lois d'analogies individuelles sont généralement admises, et c'est dans la plus ou moins grande extension qu'on peu', leur donner que réside la diversité d'opinion. Ainsi on sait que la nature se plaît à se répéter dans un même individu ; si , par exemple, on connaît une vertèbre d'une région, celles de la même partie du corps sont connues dans ce qu'elles ont de plus essentiel, et même toutes les vertèbres.

Il n'en est pas de même des autres lois, et cependant leur extension tend à unir les diverses branches de la zoologie. Si les faits d'un certain ordre convergent entre eux, tendent à un même résultat, il doit en être de même des sciences accessoires d'une science plus générale. L'anatomie comparée, la tératologie et l'embryologie doivent donc concourir, bien que sciences distinctes, à un même but, comme partie intégrante d'une science plus vaste.

Le fait principal, celui qui domine toute la science, est que les êtres vivants ne préexistent pas, mais qu'ils se forment. L'*épigénèse* ou la *préexistence* des germes , voilà le point fondamental où se fait la scission entre les naturalistes, et telle ou telle solution du même fait sera donnée selon que l'un ou l'autre de ces deux principes sera admis. C'est là qu'il faut aller chercher la cause des opinions contradictoires de MM. Cuvier et Etienne Geoffroy Saint-Hilaire sur les grandes questions d'histoire naturelle. Ceux qui ont voulu réunir ces opinions extrêmes par un malheureux ecclectisme ne pouvaient y parvenir ; la conciliation était impossible, car la solution de ces questions se rattache à ce premier fait : *Epigénèse* ou *Préexistence des êtres.*

C'est à l'examen de ces grandes questions et des deux solutions contradictoires de Cuvier et de son père que M. Isidore Geoffroy consacrera ses premières leçons : puis il abordera l'étude des caractères zoologiques et des mœurs des oiseaux.

§ II.

Nous avons vu, dans un précédent article, que si, dans les sciences naturelles, les difficultés croissaient avec les progrès de la science, la somme des faits connus paraissant moindre que celle des faits à connaître, nos moyens de surmonter les obstacles, de déterminer d'une manière plus précise les notions acquises, en même temps que de reculer les bornes de notre savoir, augmentaient dans la même proportion, et il nous a été possible même d'établir que parmi les ressources de perfectibilité que nous avions en notre pouvoir, les lois devaient tenir le premier rang. Tout en étant pour nous un lien d'union entre les divers faits d'un même ordre de connaissance, comme aussi leur plus haute expression, elles ont de plus l'avantage immense de nous placer en un point culminant de la science, d'où nous pouvons embrasser un plus vaste horizon, juger le passé, discuter le présent et prévoir l'avenir. Elles sont donc à nos yeux le guide le plus certain dans la voie des découvertes. Nous avons également vu que tous les faits de l'histoire naturelle pouvaient se rapporter aux deux lois d'harmonies et d'analogies; que les unes et les autres suivaient une marche parallèle, et que, s'il y avait des harmonies individuelles et générales, il y avait aussi des analogies de degré correspondant. Aujourd'hui, nous nous proposons d'examiner la question des harmonies et des analogies considérées dans un seul individu.

La loi d'harmonie ainsi envisagée ayant été admise par tous les auteurs, nous nous y arrêterons peu. Après avoir établi les subdivisions qu'elle nous présente, nous la ferons ressortir par un exemple. Les harmonies n'étant pas visibles au même degré chez tous les animaux, les uns nous l'offrant d'une manière plus évidente, plus palpable que d'autres, il est clair qu'il faut choisir en conséquence. Notre exemple sera pris dans les mammifères : nous considérerons les animaux du genre chat, précisément ceux-là qui nous présentent la loi d'harmonie individuelle de la manière la plus saillante, et que, pour cette raison, Cuvier préférait, sur l'organisation desquels il aimait à s'appuyer dans la démonstration de cette loi.

Tout en abordant la question de l'harmonie individuelle , on voit qu'elle est complexe : on peut l'étudier dans un individu parvenu à son *maximum* de développement , ou bien dans ce même être pris aux diverses phases qu'il nous présente avant de parvenir à l'état adulte. Dans chacun de ces cas, on verra que la loi trouve son application immédiate et frappante. En considérant un chat adulte ou un animal quelconque, on voit qu'il est un assemblage d'appareils dont l'ensemble des fonctions constitue la vie. On conçoit dès lors que la vie ne peut être si ce qui concourt à son existence et à sa formation n'est pas en concordance dans ses diverses parties et avec les agents divers auxquels ces mêmes parties sont soumises. De là il suit aussi que, même dans ce cas si restreint, il y a des harmonies de divers degrés : harmonie des appareils entre eux ; harmonie entre les organes de ces derniers ; harmonie de toutes les parties qui concourent à la formation d'un même organe : muscles, nerfs, vaisseaux sanguins et artériels, etc. On le voit, le nombre des harmonies, dans un individu seulement, est immense ; et cependant chaque être, non pas du genre chat, mais du règne animal entier, nous offre la solution du problème d'une manière plus ou moins appréciable à nos yeux. Il faut remarquer, toutefois, que nous ne faisons aucune hypothèse, que nous n'en admettons ou rejetons aucune de celles qui ont été proposées pour l'explication de ces faits : nous partons du fait lui-même ; nous le constatons simplement. Si les êtres se sont perpétués jusqu'à nous, dans les circonstances voulues, c'est qu'il y avait harmonie entre leurs diverses parties nécessairement et avec le milieu dans lequel ils se trouvaient. Nous nous abstenons d'interpréter les intentions du Créateur.

En partant du fait de la conservation des êtres, la loi d'harmonie individuelle sera complétement démontrée, si, étudiant l'organisation d'un lion, d'un tigre ou de tout autre animal du même genre, nous parvenons à déduire successivement d'un organe, envisagé comme centre, tous les autres, et à démontrer leur concordance et leur corrélation parfaites. Pour nous, qu'est-ce qu'un chat ? De tous les mammifères, c'est celui qui offre le caractère de la carnivorité à son *maximum* d'intensité. Cela étant, si nous prenons le tube digestif pour organe central, avec lequel tous les autres doivent s'harmoniser, il devra nous offrir tous les caractères que le scalpel et l'étude des formes nous dévoileront. Les matières dont un chat se nourrit étant fortement azotées, seront prises en petite quantité, les modifications qui les rendront propres à l'assimilation peu nombreuses; l'estomac sera donc simple, les intestins courts, et c'est ce que nous voyons dans ces animaux. Il ne peut évidemment en être de même chez les ruminants. Vivant de végétaux, substances fort peu azotées, ils ont besoin de s'en ingérer une grande quantité, de leur faire subir de nombreuses et importantes modifications; aussi leur appareil digestif devra-t-il être des plus complexes, et voyons-nous leur intestin présenter une longueur démesurée, si j'ose m'exprimer ainsi, par rapport à celui des carnassiers.

Si du canal alimentaire nous passons aux dents et à ses autres parties accessoires, nous serons frappés des harmonies vraiment extraordinaires qu'elles nous offriront, dans ces animaux, avec le reste de leur organisme. Leur langue est recouverte de papilles épineuses, et, en léchant leur proie, il font couler le sang; nul n'ignore du reste combien les chats se délectent ainsi avant de se repaître. Leurs dents éminemment tranchantes, se rencontrant par leurs bords à la manière des deux lames d'une paire de ciseaux, sont les parties les plus remarquables et dont les modifications sont le mieux en rapport avec leur genre de nourriture.

Evidemment, la difficulté pour constater et établir la loi d'harmonie individuelle ne peut exister lorsqu'on considère les diverses parties d'un même appareil, et, s'il y en a une, elle ne doit surgir que quand on veut passer d'un appareil à un autre. Ici cette difficulté n'existe pas : du système digestif nous pouvons déduire *à priori* toute la locomotion, l'ensemble de l'organisation que nous présentent les chats, et qu'il nous reste à étudier. Destinés à se nourrir de proie vivante, ils ont besoin d'une agilité extrême; leurs membres doivent être terminés par des appendices puissamment organisés pour attaquer et vaincre les animaux dont ils se repaissent. Toutes ces conditions sont remplies : leur ongle, fortement acéré, est supporté par une phalange qui nous offre une particularité en rapport des plus harmoniques avec leur régime. Cette phalange onguéale, sorte de casque comprimé latéralement, offre un point d'appui éminemment solide, et sur lequel vient s'implanter la griffe de l'animal. Deux choses ici méritent de fixer notre attention : la solidité de cette implantation et la position de la phalange qui se trouve relevée sur le dos de la seconde, de telle façon que la pointe de la griffe, dirigée en haut, ne peut toucher le sol, conservant ainsi à l'animal une arme terrible et qui ne peut jamais lui faire défaut. Cette modification est tellement profonde même, que personne n'eût signalé cet os comme appartenant à cette partie du membre de l'animal, si on l'eût rencontré isolément. Il n'est pas d'autres carnassiers qui offrent des ongles aussi acérés que le sont ceux des chats ; tous les ont plus ou moins mousses, car aucun ne les a rétractiles comme notre chat commun. Maintenant comment la nature s'y est-elle prise pour donner à ces animaux l'agilité, la souplesse qu'ils nous présentent à un si haut degré ?

Il est un fait digne de remarque, c'est que plus un carnassier sera omnivore, plus il sera plantigrade, et il le sera d'autant plus que ce caractère dominera chez lui : au contraire, si un animal est éminemment carnivore, il sera digitigrade au plus haut degré et il offrira ce genre de locomotion avec une intensité d'autant plus grande qu'il se nourrira plus exclusivement de chair. Il est facile de vérifier ce fait en comparant un ours, un chien et un chat (1).

Si l'on suit la comparaison que l'on peut établir entre leur marche et leurs organes locomoteurs, d'autres observations non

---

(1) Nous devons cependant excepter de cette règle, posée d'une manière aussi absolue, le chien domestique, chez lequel la domesticité et le pouvoir exclusif de l'homme ont produit de si nombreuses et de si importantes modifications, tant pour l'organisme que pour le régime alimentaire. Notre chat est aussi une exception à cette règle ; mais il est aussi sous la domination de l'homme, et, bien qu'il ne soit pas soumis à notre puissance d'une façon aussi absolue que le chien, il n'y échappe cependant pas et a été modifié en ce point de ses mœurs.

moins dignes d'attention se présenteront à notre esprit. Dans les ours les membres ont trois segments ; le pied, posant entièrement sur le sol, s'articule avec la jambe, celle-ci avec la cuisse, dont une partie se trouve engagée sous les téguments généraux du corps et semble faire partie de la masse de ce dernier. Le membre des chats nous présente bien le même cas, mais il nous offre en même temps une quatrième pièce mobile formée de la réunion d'une partie des os du pied qui s'articule en haut avec la jambe et en bas avec les doigts dont l'avant-dernière phalange repose seule sur le sol. On conçoit combien ces animaux doivent avoir de souplesse et d'agilité, leurs membres présentant ainsi un grand nombre de parties mobiles les unes sur les autres, conditions que nous leur avons reconnues indispensables.

Nous ne parlerons ni des poumons, ni du cœur : il est clair que ces organes et leurs accessoires doivent être organisés de telle sorte que la respiration, la circulation et l'hématose se fassent facilement et librement. L'observation confirme nos prévisions. Nous nous arrêterons un peu plus longtemps sur le système nerveux et principalement sur les organes des sens.

Si nous étudions l'encéphale, les nerfs et les organes de la vue, de l'ouïe, etc., des *felis*, nous verrons, mais sans étonnement, nous pouvions le prévoir, quelle perfection ils possèdent ! quelles modifications admirables la nature leur a imprimées pour atteindre ce degré de perfectibilité ! De quel instinct, de quelle intelligence ne doivent-ils pas jouir pour atteindre leur proie, si variée, qui a tant de moyens de leur échapper ! L'insecte carnivore poursuit un insecte, s'en rend maître ; mais c'est toujours le même ; il le trouve dans le même lieu, le même temps, les mêmes circonstances : ici, quelle différence ! la proie varie et avec elle toutes les ruses, toutes les ressources qu'elle peut mettre en jeu pour échapper à ses ennemis : il faut donc que ceux-ci aient l'intelligence assez développée pour deviner ces ruses, modifier leurs moyens d'attaque en conséquence. Si donc l'insecte a besoin d'instinct et d'instinct seulement, il faut, au contraire, que les animaux qui nous occupent y joignent une intelligence portée à un haut degré.

D'après ce qui précède, il est indubitable que les sens doivent nous offrir des conditions d'organisation et de perfectibilité en rapport avec ce que nous avons dit plus haut. Sans nous arrêter à l'organe du goût et à celui de l'ouïe dont la perfection se trouve considérablement accrue par des caisses auditives, le crâne paraissant ne plus pouvoir contenir le siége principal de l'audition, passons immédiatement à celui de l'odorat.

Au premier abord et en prenant le chien pour terme de comparaison, il semble que les chats doivent jouir d'un odorat de beaucoup supérieur à celui de cet animal : car combien plus facilement un chat atteindra-t-il sa proie, si, outre sa vue perçante, son agilité extrême, il possède encore un odorat exquis qui lui permettra de suivre cette proie, de la surprendre, de s'en rendre maître, alors que ses yeux ne peuvent la lui découvrir, que de nombreux obstacles l'en séparent ? Et cependant cela n'est pas : en ce point, ils paraissent inférieurs aux chiens et à d'autres animaux vivant aussi de chair. Bien que cette infériorité subsiste, réelle et non apparente, l'harmonie ici n'en existe pas moins entre cet organe, son siége et le reste de l'organisme. Le siége de l'odorat est en haut de la voûte palatine, si donc l'organe olfactif se trouve acquérir un grand développement, cette partie de la face devra prendre de l'accroissement, s'allonger ; mais en s'allongeant la mâchoire supérieure et par suite l'inférieure doivent varier dans les mêmes proportions. Dès lors l'équilibre est rompu, l'harmonie détruite. La mâchoire est un levier ; si elle devient plus longue, les canines s'éloignent d'autant des muscles qui la meuvent ; la force de l'animal est diminuée, amoindrie dans un point essentiel. Il faut donc que la mâchoire soit courte et par suite le plancher de l'organe olfactif. Et encore la nature a poussé la prévoyance à l'extrême : ce qu'elle n'a pu donner en longueur sans détruire l'harmonie en un autre point, elle l'a accordé en largeur : le nez des chats est fort large, et c'est là en partie ce qui contribue à donner à ces animaux cette physionomie particulière que tout le monde leur connaît.

Il nous est donc démontré de la manière la plus évidente, que la loi d'harmonie individuelle existe, puisque nous avons pu, en partant de l'estomac et du tube digestif, déduire *à priori* tous les organes avec leurs modifications chez les animaux pris pour exemple, et arriver ainsi de proche en proche jusqu'aux organes des sens. Il est clair qu'en prenant un animal du même ordre, mais d'un autre groupe, un ours si l'on veut, on verrait que ses formes générales plus lourdes, sa marche plantigrade, sa face plus allongée, ses dents plus épaisses, son estomac volumineux et son tube digestif plus long coïncident avec son régime omnivore. Si des chats et des ours nous descendons aux ruminants, nous aurons à constater des harmonies différentes, mais non moins remarquables : la tête s'allonge énormément, les mâchoires s'affaiblissent, les dents devenues plates ne sont propres qu'à broyer, l'estomac et le tube digestif sont très-complexes, les ongles sont des sabots, sortes d'étuis enveloppant la dernière phalange : ce n'est plus une arme, sauf dans les grandes espèces par suite de l'impulsion musculaire qui peut leur être communiquée, mais un organe de sustentation : aussi toute cette organisation, si différente de celle que nous venons d'esquisser, est-elle en rapport complet avec le genre de vie, les mœurs, les habitudes des animaux qui nous la présentent.

En examinant de proche en proche les divers organes des chats, nous avons vu qu'il y avait parfaite harmonie entre eux, et les appareils qu'ils concourent à former par leur réunion. Un des résultats certains des progrès de la science est d'augmenter le nombre des harmonies, de nous faire voir que cette concordance entre l'organisme d'une part et les autres conditions d'existence, est d'autant plus saisie par notre esprit que les faits harmoniques sont mieux étudiés et connus ; et il n'est pas douteux qu'un jour, les sympathies, ces phénomènes si curieux, quelquefois si incompréhensibles, ne reçoivent une explication due à ce progrès et ne soient reconnues pour des harmonies nécessaires.

Evidemment, en envisageant la question des harmonies individuelles comme nous l'avons fait, nous avons été loin d'en donner la solution complète, car nous n'avons considéré que le type chat en général et d'une manière abstraite : pour que la démonstration fût aussi rigoureuse et satisfaisante que possible, il faudrait voir si cette harmonie dans le type idéal du genre *felis* se retrouve aussi et de la même façon dans les êtres qui le composent réellement ; si elle se reproduit dans chaque espèce, dans les variétés de chacune d'elles, dans les petites comme dans les grandes ; et, aussi, si les conditions de climats, d'habitat, etc., sont en rapport avec l'espèce et ses variétés. Après l'étude d'une espèce et de ses variétés, il faudrait comparer entre elles les diverses espèces d'un même genre, les genres entre eux, et ainsi de suite. Or, en suivant cette marche, la loi d'harmonie subsiste encore : que l'on compare dans le genre *felis*, le lion et le chat sauvage de nos contrées, une petite et une grande espèce, on constatera ce fait d'harmonie : la force diminuant avec la taille, la ruse augmente en proportion ; les organes des sens se modifient ; les petites espèces deviennent nocturnes, et ce que le lion fait de force au grand jour, le chat le fera à l'ombre de la nuit et par ruse. Il en serait de même des conditions climatériques, d'habitat, etc.; et on n'ignore pas les différences que présente le pelage des animaux de même espèce ou d'espèces congénères, selon qu'elles habitent les pays chauds ou froids, les hautes montagnes ou la plaine : et, pour le même individu, ces différences de pelage ne seront pas moins grandes ni moins admirables selon les diverses saisons de l'année auxquelles on l'étudiera.

La loi d'harmonie, telle que nous venons de l'exposer, a été admise par tous les auteurs, et s'il y a divergence, cette divergence ne porte que sur l'explication et l'interprétation de la loi, sur son origine. Ce n'est pas, du reste, par les naturalistes seuls que les harmonies ont été admises et dans l'ordre de faits qu'embrassent les sciences naturelles : les philosophes, les poëtes, les artistes eux-mêmes, tout en les acceptant, veulent qu'il en existe d'un autre ordre. C'est ainsi que Mengs, dans son travail sur Raphaël, prétend que ce grand peintre avait reconnu qu'il existait une corrélation frappante entre les membres et la physionomie des hommes. Dans la *Mécanique morale* de Lasalle, qui ne mérite d'être exhumé du juste oubli où il est tombé que comme exemple à citer, dans le *Système* de Lavater, on retrouve les mêmes idées.

Sans nous arrêter plus longtemps à ces détails, nous voyons qu'il existe des harmonies; que leur domaine est fort étendu et qu'elles n'ont pas de limites assignables, si toutefois on avait pu croire possible de circonscrire le champ de leur manifestation et de leur application.

En commençant, nous avons dit qu'il existait des analogies, suivant une marche parallèle à celle des harmonies, que s'il y avait des harmonies individuelles, on rencontrerait aussi des analogies de même nature. Et d'abord y a-t-il des analogies? Beaucoup d'auteurs diront non; ceux-là, Cuvier à leur tête, rejetteront ces lois, de quelque espèce qu'elles soient, individuelles ou générales : ils ne veulent admettre dans la science que celles qu'ils conçoivent tendre à la conservation de l'individu et de l'espèce, celles qu'ils croient nécessaires à ce but. Tout en les rejetant en théorie, toutes ou à peu près et d'une manière absolue, ils les admettent en fait cependant comme nous le ferons voir plus loin. Si, à cette exclusion hâtive, à cet ostracisme sans pitié, on peut opposer le raisonnement ainsi que des faits, le jugement de l'illustre auteur du règne animal devra tomber, et les idées d'analogies prendre la large place qu'elles sont appelées à remplir un jour dans le cadre de la science. Qui peut dire que les lois d'analogies ne sont pas aussi nécessaires que celles d'harmonie pour la conservation des espèces et des individus, d'une manière indirecte, il est vrai? Et ce caractère de nécessité leur sera-t-il enlevé par cela que notre esprit ne le comprend pas, ne le saisit pas? Ce serait absurde de le penser. Il est un fait acquis à la science et que nous pouvons rapporter ici : Lorsque Képler découvrit la loi des orbes elliptiques des planètes, cette loi était une grande analogie, elle ne revêtit son caractère d'absolu, ne fut confirmée qu'après les découvertes admirables de Newton sur la gravitation. Ce cas est le nôtre; car qui peut dire qu'il n'en sera pas de même pour les analogies zoologiques? qu'on ne découvrira pas un fait supérieur, les dominant et les reliant toutes, leur imprimant ce cachet de nécessité si justement admise pour les harmonies? Quand bien même il en serait ainsi, quand les analogies zoologiques ne devraient jamais trouver ce premier principe, et nous espérons démontrer le contraire, serait-ce une raison, un motif assez puissant pour légitimer leur exclusion de la science, et ne devrait-on pas les gouverner comme tant d'autres idées dont l'absolue nécessité est loin d'être reconnue? Les harmonies expliquent-elles tous les faits que nous présente la zoologie, et si elles ne le font pas, pourquoi ne pas admettre des règles, des principes dont ces faits sont des conséquences? C'est ainsi qu'en physique, bien que tous les phénomènes qui constituent cette science, soient soumis à la gravitation, quel que soit son nom, on a été obligé d'avoir recours à quatre lois, quatre forces dont l'application bien entendue rend compte de tous les faits, les explique tous. Pourquoi n'en serait-il pas de même ici? Et si cette parité existe en quelques points, pour quelles raisons ne pas admettre les analogies?

Le fait principal et important des analogies, celui qui en est la base, autour duquel tous les autres viennent se ranger comme autant de satellites, est la tendance que manifeste la nature à se répéter dans l'organisme d'un même individu, dans ses diverses parties, comme aussi dans la série des animaux. Expliquons-nous. En admettant ce principe, nous voyons de suite que les analogies individuelles ou *homologies* suivent une marche paralléliques aux harmonies de même nature.

Nous aurons donc des homologies différentes d'après l'âge de l'animal que l'on considérera, la région, les organes et les éléments organiques. De plus, ce problème se présentera avec les mêmes complications, les mêmes difficultés, n'offrant de différences que dans leur intensité, selon que l'on prendra tel ou tel animal. On conçoit, dès lors, que si le fait des homologies est difficile à constater, l'exemple à prendre pour sa démonstration ne peut être indifférent : les animaux ne nous l'offrant pas tous avec la même évidence, puisque chez certains d'entre eux on ne le découvre qu'après une étude approfondie, on conçoit la nécessité de faire un choix favorable et de procéder ainsi que nous l'avons fait pour les harmonies individuelles. Si l'on examine les rayons d'une astérie, ou étoile de mer à cinq branches, les anneaux d'une scolopendre, sauf le céphalique, ceux de l'abdomen des crustacés, du tænia, on sera frappé des ressemblances, j'allais dire identités, que ces parties nous présentent. Et que l'on ne croie pas que cette analogie ne soit que superficielle, elle est quelquefois profonde. Personne n'ignore que le ver de terre, partagé en deux, donne naissance par chacun de ses fragments à un animal identique à celui mutilé : que l'hydre, ce polype d'eau douce, peut se diviser en un grand nombre de parties et se reproduire par chacune d'elles ; que même on a pu le retourner comme un doigt de gant et avoir un animal semblable au premier chez lequel la peau faisait fonction de muqueuse intestinale , celle-ci remplaçait la membrane cutanée externe. Cette analogie avait été admise aussi pour l'homme et les animaux supérieurs bien qu'elle fût d'une constatation plus difficile ; il suffit de citer les noms de Bordeu pour la duplicité de l'homme ; de Bichat pour la symétrie qui existe entre l'homme droit et l'homme gauche, symétrie qu'il rejetait pour les organes de la vie organique, ceux-ci étant analogues ; de Vic-d'Azir en ce qui concerne l'analogie du **membre** thoracique et du pelvien ; de Gœthe pour ce qui a rapport à l'homologie des vertèbres et de la tête, homologie reconnue tacitement par Cuvier lorsqu'il dit que la tête peut être considérée comme formée de trois ceintures osseuses, etc.; ces faits, malgré les exagérations auxquelles ils ont pu donner lieu, n'exprimeraient-ils qu'une simple tendance de la nature à la symétrie, à la binarité, où seraient-ils l'expression d'un fait plus grand et plus géaéral ? et si l'on n'admet que les harmonies, comment y trouver l'explication de ces faits si divers quoiqüe si constants ? L'homologie du pied et de l'aile de l'oiseau, de ces mêmes parties dans la chauve-souris, est un fait acquis à la science, non pas que les analogies existent dans les organes, mais bien dans leurs élémens; car, comme nous le verrons plus loin, et c'est un point important à développer, les éléments analogues se modifient selon les fonctions différentes que les organes à la formation desquels ils concourent sont appelés à remplir.

Par ce court exposé, nous voyons que les harmonies ne peuvent pas tout expliquer dans l'organisation des êtres et qu'il est des faits de cette organisation qui leur échappent complétement, dont elles ne peuvent rendre raison et qui trouvent leur expli-

cation naturelle par les analogies. Les harmonies nous rendraient-
elles un meilleur compte des organes rudimentaires que nous
présentent certains animaux ? Ces organes subsistent, bien qu'ils
n'aient pas de fonctions : tels sont les mamelles chez l'homme,
l'aile de l'autruche, du casoar, ou mieux encore les rudiments de
ces même parties dans l'aptérix, etc. La nature, en conservant
ces organes rudimentaires, a voulu nous montrer qu'elle n'était
pas guidée par le désir seul de satisfaire à la loi d'harmonie,
mais qu'elle agissait aussi dans un autre but, dans d'autres vues.
Ces organes rudimentaires, étant sans fonctions, n'avaient aucune
importance aux yeux des auteurs qui n'admettaient que les harmonies. A quoi bon les étudier, en tenir compte, puisqu'ils sont
dans l'être comme s'ils n'y étaient pas, n'ayant aucun usage ? ils
ont donc été rayés de la science, et, dans beaucoup de cas, les
squelettes préparés sous l'influence de ces idées en étaient dé-
pourvus. Si on veut au contraire les faire peser dans la balance,
sans admettre les analogies, faudra-t-il conclure avec Ackermann,
anatomiste allemand, qui trouva directement l'os intermaxillaire
humain, découverte que fit Gœthe en partant du principe des
analogies, faut-il conclure, dis-je, que cet os rappelle un état primitif de l'homme, alors qu'il était quadrupède, que son museau
était allongé ? évidemment non, et cependant voilà à quelles absurdes explications on est conduit en admettant les harmonies
seules.

On a objecté aux idées d'analogies qu'il en existait d'exagérées,
d'absurdes : c'est ainsi que Spix a voulu retrouver dans la tête
de l'homme, l'homme tout entier : selon lui, le front est l'homologue de la tête, les mâchoires des membres, la bouche des organes digestifs, etc. Cette objection est sans valeur ; le fait que
nous citions plus haut devrait alors faire rejeter les harmonies.
Et, du reste, depuis quand une idée vraie est-elle responsable des
exagérations, des conséquences extravagantes auxquelles elle
peut donner lieu ? en bonne philosophie ça ne se peut, cela ne se
doit. En raisonnant ainsi, pas une idée ne pourrait être reçue, car
toutes ont été plus ou moins poussées à l'extrême, c'est-à-dire à
l'absurde. Il en est de même pour leur origine : on a cru qu'elles

nous venaient de l'Allemagne, que les analogies individuelles prenaient leur point de départ dans la philosophie naturelle et panthéistique d'outre-Rhin : il n'en est rien, comme nous le verrons plus loin ; elles sont d'origine française ; c'est à Vic-d'Azir qu'elles remontent ainsi que le reconnaît Meckel. Si ces idées ont paru avoir une origine allemande, c'est à cause de la grande importance qu'elles avaient pour les philosophes de la nature, de la faveur qu'ils leur ont accordée et des applications qu'elles ont reçues, cadrant en apparence si bien avec leur théorie, que le tout se trouve dans la partie et ces parties dans les autres parties du tout. On conçoit dès lors l'erreur dans laquelle on a pu tomber quant à leur origine, et à quels abus aussi elles ont pu donner lieu. Ce que nous disons pour la théorie des homologues doit également s'appliquer à celle plus générale des analogies.

En comparant les membres de l'homme, nous avons vu que le supérieur était semblable à l'inférieur, bien qu'ils aient des fonctions différentes, ce qui suppose par suite une structure différente. Le supérieur est mobile, terminé par une main, organe parfait de préhension, dont la perfectibilité se trouve accrue encore par un pouce opposable ; le pelvien, au contraire, jouit de conditions différentes : destiné à soutenir le corps, à le transporter d'un lieu dans un autre, il unit une grande rigidité à la mobilité que nécessite la marche, ses autres mouvements étant en petit nombre et restreints à des limites très-étroites. S'il n'y a que des harmonies seules, d'où vient donc que le membre pelvien se trouve composé des mêmes os que le membre antérieur, alors que ces parties auraient pu être remplacées aussi avantageusement par des pièces moins nombreuses et qui ne rappelleraient point celles du membre thoracique ? Si nous examinons les organes locomoteurs des oiseaux et des chauves-souris, ce fait devient plus frappant. La différence entre ces organes antérieurs et postérieurs est extrême, et cependant ils sont formés des mêmes pièces. Le pied de l'oiseau tient le milieu entre la main et le pied de l'homme, aussi lui remarque-t-on des conditions mixtes entre ces deux organes. S'il est moins parfait comme organe de préhension, il est en même temps plus mobile que l'organe de sustenlation de l'homme. En considérant l'aile, nous voyons que cet organe est destiné à servir de base, de point d'attache aux plumes ; pour remplir cette fonction un seul os long suffit et la nature y arrive, mais par quelle voie ? Est-ce en ne donnant qu'une seule baguette osseuse nécessaire au but qu'elle se propose ? Non ; mais en soudant les éléments, les parties qui rappellent les doigts et la main, elle forme précisément cette baguette. En considérant la chauve-souris, nous ferions voir que le vol, la marche dans l'air, se trouve reproduit par le même organe, mais modifié différemment : ici le pouce existe, et les diverses parties de la main, au lieu de se souder en un seul os, sont profondément divisées ; chacune prend un grand développement en longueur, afin qu'elles forment autant de points d'appui propres à soutenir les expansions de la peau qui forment l'aile de ces animaux ; le pouce ici ne disparaît pas et l'on commence à apercevoir une rotule rudimentaire. Il est clair, pour nous, que la nature, en procédant ainsi, agit par des motifs, des raisons autres que ceux que nous fournissent les considérations tirées des harmonies : serait-ce là les analogies nécessaires et dont la nécessité nous échappe ?

Si, dans l'état adulte, les homologies ne sont pas toutes visibles, il n'en est plus de même en considérant l'être dans les premiers temps de sa formation : alors elles nous apparaissent et même encore des analogies qu'on n'eût pas soupçonnées, dont on n'aurait jamais eu l'idée si on ne l'avait envisagé qu'à son *maximum* de développement. C'est en procédant ainsi qu'on a vu que les éléments constitutifs de la main de l'homme se rencontraient dans la partie correspondante de l'aile de l'oiseau. Les éléments des organes, alors qu'ils sont indépendants de la fonction, sont analogues et ils ne se modifient plus tard qu'en vue et en raison de la fonction qu'ils doivent remplir. Dès lors où doit-on remonter dans les métamorphoses organogéniques successives des êtres, pour saisir les analogies qu'ils doivent nous offrir ? A quelles sciences doit-on demander l'origine des analogies dans l'organisme et la démonstration de ces faits ? L'embryologie et l'étude comparative des êtres de la série animale répondront à ces questions. L'embryogénie nous démontre que des organes qui sont uniques dans un certain moment de l'existence d'un animal, étaient composés d'éléments primitivement distincts ; il est facile de s'en convaincre en étudiant la tête d'un oiseau, d'un mammifère, aux diverses phases de leur développement organogénique. Les travaux de M. Dutrochet, exécutés sans idées préconçues, semblent prouver une analogie plus grande encore entre les éléments des divers organes. Ses recherches ont porté principalement sur le têtard de la grenouille, animal heureusement choisi, puisqu'il vit à l'état embryonnaire soumis aux influences extérieures qu'il doit supporter durant toute son existence. Chez cet animal très-répandu, d'une observation facile, l'ossification marchant lentement, on voit que les os des membres avant leurs modifications pour les fonctions qu'ils doivent remplir, offrent une forme très-simple et identique pour tous. Ce sont deux cônes tronqués accolés par leur tronquature et légèrement excavés à leurs plans basiques. C'est en raison de leur forme que M. Dutrochet les désigne sous le nom d'*os dicône*. Il a reconnu que le fémur, l'omoplate, etc., avaient cette forme dicônique, de telle façon qu'elle se rencontrerait, non pas dans les éléments des organes, mais dans les organes eux-mêmes : cette même forme dicône se retrouve encore dans les vertèbres des poissons adultes cartilagineux, les squales, etc. En prenant l'homme à son état fœtal et embryonnaire, on verrait de même que le foie, le cœur, en un mot les organes uniques et médians de l'adulte, étaient primitivement composés d'éléments distincts.

Si, abandonnant l'embryogénie qui nous donne des preuves si multipliées à l'appui de ce que nous essayons de démontrer, nous passons à l'étude de la série animale, nous trouverons des faits non moins nombreux et les plus probants. En procédant ainsi que nous l'avons fait pour l'organogénie, il est évident que l'homme et les animaux supérieurs ne pourront être pris en premier lieu ; l'exemple serait défavorable ; les organes analogues se trouvant profondément modifiés en raison des fonctions si multiples et si variées qu'ils remplissent. Il faudra donc prendre ceux chez lesquels les fonctions diffèrent peu, et l'hydre est un des contrastes les plus frappants que l'on puisse mettre en regard de l'homme : autant chez nous les fonctions sont distinctes et spécialisées, remplies par des organes dissemblables en apparence, autant l'hydre est *une* pour ses appareils, sa structure, toute son organisation. La preuve physiologique de cette identité des diverses parties de l'hydre se trouve dans les expériences si connues que Trembley fit sur ce polype. En second lieu, cette multitude d'organes que l'on remarque dans l'homme et les animaux supérieurs, a pour conséquence l'importance relative des uns par rapport aux autres ; il y a des organes centraux autour desquels viennent graviter d'autres pour former le même appareil : tels sont l'estomac, le cœur, les poumons, l'encéphale pour la nutrition, la circulation, la respiration et l'inervation. Rien de tout cela dans l'hydre ; il n'existe pas d'organe central ou mieux tout est organe central, et c'est ce qui permet d'expliquer les nombreuses divisions qu'on peut lui faire subir et dont chacune reproduit l'animal parfait. Si donc on veut comprendre tous ces faits sous une même formule, on peut dire que l'infériorité d'organisation est la conséquence de l'homogénéité de structure et de fonctions, de l'analogie de toutes les parties ; tandis que la supériorité se traduira par le *maximum* de spécialisation et de centralisation des mêmes parties.

L'étude des termes intermédiaires, compris entre l'homme et l'hydre, viendrait confirmer ces résultats et démontrer, jusqu'à la dernière évidence , que la centralisation au point de vue physiologique est la conséquence de la diversification que nous découvre l'anatomie. On sait que Cuvier a reconnu que les oies se mouvaient encore après l'ablation de la tête (1); on connaît l'histoire de l'empereur Néron, si ce nom doit intervenir ici, et comment il traitait les insectes qu'il rencontrait dans ses appartements ; on sait aussi que les salamandres reproduisent les

---

(1) L'empereur Commode faisait courir des autruches dans le cirque, et leur abattait la tête pour le plaisir qu'il éprouvait à voir ces animaux continuer leur course après cette mutilation.

membres, l'œil même qu'on leur a enlevés. Les exemples abondent et tous tendent à prouver que dans la série, la diversification nous présente le même développement que celui observé dans un individu.

De tout ce qui précède, nous pouvons conclure que les analogies sont d'autant plus visibles et apparentes qu'on considère les organes dans un être plus près de sa formation ou dans un animal placé plus bas dans la série. La nature tend donc à se répéter, et les différences entre les parties viennent des modifications que les organes homologues subissent en rapport avec les fonctions qu'ils sont destinés à remplir. Les harmonies n'expliquent pas tout, pour les individus de même que pour les espèces, comme nous le verrons plus loin, et les analogies viennent les compléter.

Une conséquence aussi de ce qui précède, c'est que les organes homologues tendent à se disposer en série, ainsi que cela se remarque dans les vertèbres, les côtes, les phalanges, etc.; et que les organes en série sont des analogues. En partant de là, on conclut que le sacrum, le coccyx, la tête, interrompant la série des vertèbres, en font partie, sont des homologues de ces dernières. Il en sera de même pour les vertèbres cervicales des cétacés qui sont soudées entre elles et n'offrent aucun des caractères que l'on est habitué à rencontrer dans ces organes.

Mais dans quel ordre ces parties qui se répètent tendent-elles à se grouper? Il est évident qu'elles ne peùvent se distribuer que par rapport à une surface plane, une ligne ou un point. Ce résultat géométrique nous est confirmé par l'observation; ce sont les trois formes qu'affecte le règne animal dans la distribution des parties de chaque être. Ainsi les *zygomorphes* ont leurs organes coordonnés par rapport à un plan, contourné chez certains mollusques ; les *actinomorphes* ou rayonnés le sont, comme leur nom l'indique, par rapport à un axe linéaire, et enfin les *hétéromorphes* ou spongiaires ont leurs parties homologues disposées autour de points. Dans le premier cas la répétition des organes est binaire ; dans le second on observe la multiplicité définie, et, dans le troisième, cette même multiplicité devient indéfinie.

III.

Nous avons reconnu que les lois d'harmonie n'étaient pas les seules à étudier dans les animaux et que l'on devait encore examiner ces derniers sous d'autres rapports, se placer à d'autres points de vue, si on voulait se rendre un compte exact de leur organisation. Ces nouveaux rapports constituent les lois d'*homologie* et d'*analogies générales*. Dans un rapide coup d'œil jeté sur les premières de ces lois, les analogies individuelles, il nous a été facile de constater leur existence et de faire voir que certains organes, bien que composés des mêmes éléments, étaient cependant diversifiés et modifiés selon les fonctions différentes qu'ils devaient remplir : la main de l'homme devenant aile, griffe, sabot, nageoire chez la chauve-souris ou l'oiseau, le lion, le cheval et le poisson. Maintenant il nous reste à étendre le cercle de ces considérations, et à aborder la question des harmonies et des analogies générales.

En passant en revue les espèces d'un même groupe, les genres, et, en remontant de plus en plus aux grandes divisions du règne animal, les familles, les ordres, les classes, etc., on est frappé du nombre et de la grandeur des harmonies et des analogies qui nous sont dévoilées. Il en sera de même lorsque l'on en viendra à l'étude des êtres affectés d'anomalie ou des monstruosités : on verra que même dans ces écarts extrêmes que nous présente l'organisation des animaux, la nature ne se montre pas moins fidèle à ces deux sortes de lois ; dès lors il ne sera plus permis de dire avec Pline, en parlant de monstres : *ludibria sibi, nobis miracula, ingeniosa fecit natura* ; on ne pourra plus les envisager à ce faux point de vue et les considérer comme n'ayant aucun rapport harmonique avec l'ensemble de l'animalité, puisque ce ne sont plus seulement des jeux de la nature ou du hazard, mais une nouvelle expression de ses lois. Il est incontestable que, pour eux comme pour les êtres normaux, l'harmonie subsiste, bien qu'elle se manifeste là d'une manière insolite. Ils naissent quelquefois avec un embonpoint remarquable, offrent les conditions d'une

bonne santé, vivent, quelques-uns d'entre eux, plus ou moins longtemps dans le milieu où nous vivons nous-mêmes normalement, et
si d'autres périssent en y apparaissant ou n'y ont qu'une durée
momentanée, il n'en est pas moins vrai que tous, ces derniers
comme les autres, nous présentent les conditions de viabilité qui se
rencontrent dans l'existence *intra-utérine* des êtres normaux.
L'harmonie n'a lieu que pour cette vie seulement dans certains
d'entre eux. Ce fait n'a rien qui doive étonner : les poissons naissent et vivent dans l'eau; sortis de cet élément, ils périssent, car
leur organisme est en rapport avec ce séjour exclusif. Il en est
de même des monstres dont nous parlons : du moment où ils
abandonnent le milieu dans lequel leur organisation leur permet
de vivre, ils succombent; l'équilibre et l'harmonie entre leurs
organes et de nouvelles conditions biologiques se trouvant
rompus. Ainsi les êtres anormaux nous présentent des harmonies
d'un autre ordre que leurs congénères construits sur le plan
normal commun, mais jusque dans ces déviations dernières de
l'espèce, les faits que l'on y découvre, quoique différents au premier abord, n'en sont pas moins analogues quant au fond, à leur
nature intime : ce sont toujours des conséquences des lois d'harmonie.

Il est donc évident que les harmonies existent dans la nature,
puisque les espèces subsistent elles-mêmes dès l'origine des choses ;
mais cette harmonie générale implique nécessairement celle plus
restreinte qui doit avoir lieu dans les individus, entre leur organisation et le milieu, les circonstances d'habitat, de climat, etc.,
où ils vivent. Un fait que nous devons signaler en passant, est le
rapport, la proportion à peu près constante qui se remarque entre le chiffre des diverses espèces partout où l'homme n'est pas
encore intervenu et n'a pas rompu, par sa puissance, cet harmonique équilibre. Cette harmonie se constate encore dans les individus selon le temps, les lieux où ils doivent parcourir le cercle
de leur existence : les variations ou la constance du pelage des
animaux en sont des exemples frappants. Constamment blanc
chez ceux qui habitent les régions glacées de notre globe, il le
devient chez ceux des pays tempérés lorsque le froid sévit avec

assez de rigueur pour que cette mutation dans la couleur des téguments soit nécessaire à l'individu ; car, on le sait, et c'est un principe de physique, de toutes les surfaces, la blanche est la moins rayonnante, celle qui convient le mieux à l'animal puisqu'elle lui conserve la somme de chaleur nécessaire pour réagir sur le monde extérieur. Si l'on s'avance au midi, ou si l'on descend des sommets neigeux des montagnes dans la plaine, vers des contrées par conséquent d'une température plus élevée, le phénomène inverse a lieu, et les téguments de l'animal s'harmoniseront avec les conditions climatériques nouvelles. De blancs, longs et épais qu'ils étaient, on les voit se modifier dans leur couleur, devenir ras, et les poils de moins en moins nombreux, finissent par disparaître presque entièrement, ainsi que cela se rencontre dans l'éléphant, le chien turc. Les mêmes faits se reproduisent en partie pour les animaux diurnes et nocturnes de la même contrée, du même climat : les habitudes de ces derniers semblent les rapprocher, en ce point du moins, des animaux des contrées plus froides. Ces modifications dans les téguments qui doivent protéger l'animal contre les influences climatériques, se produisent également chez les mammifères et les oiseaux : l'ours blanc des glaces polaires, le gerfaut des contrées septentrionales de l'Europe, le lièvre du groënland, le lagopède ou perdrix de montagnes, le renard isatis, le lynx, les sakis et les sajous en Amérique, les oiseaux de proie diurnes et nocturnes et une foule d'autres exemples sont autant de preuves de l'harmonie que nous disons exister entre les téguments des animaux, le climat auquel ils sont soumis ou les habitudes qui les gouvernent. Que si on les soustrait, par un moyen quelconque, à ces causes modificatrices de leur pays natal, il s'établit une lutte entre l'action du nouveau climat et la modification qui se serait produite s'ils fussent restés dans leur patrie : la nature de l'espèce se révolte contre les nouvelles conditions biologiques qui lui sont imposées. D'autres rapports nous apparaîtraient si nous en venions à examiner l'organisation tout entière et le milieu ambiant où vit l'animal : mais qu'il nous suffise de noter les pieds palmés du chien de Terre-Neuve, la forme basse et allongée de la loutre, le poil de la taupe et celui si remarquable dés chevaux qui travaillent aux mines en Belgique et qui s'en rapproche tant.

Dans ce nombre immense d'harmonies que nous dévoile l'étude de l'animalité et de ses conditions d'existence, il en est d'autres encore que nous ne pouvons passer sous silence. Si l'on compare la taille des animaux avec leur organisation et leur genre de vie, avec les circonstances diverses dans lesquelles ils se trouvent placés par la nature, les variations qu'elle nous présentera seront toujours en concordance avec les circonstances diverses, organiques, biologiques, climatériques ou diététiques que nous constaterons. La mer, les continents, les grands fleuves, les grandes îles, pour ne signaler qu'un cas restreint de la question, seront les lieux où nous trouverons les animaux de la plus grande taille : l'océan nourrit les baleines et les cachalots, notre hémisphère, les éléphants et l'hippopotame, les plus grands des animaux connus ; l'Amérique, plus petite, ne nous offre que des animaux de dimensions moindres que leurs congénères de l'Ancien-Monde, et, si l'on prend le kanguroo géant, le plus grand mammifère de la Nouvelle-Hollande, dont la superficie est à peu près celle de l'Europe, on verra qu'il est loin d'atteindre la taille des animaux du continent américain. Que l'on pousse la comparaison plus loin, que l'on mette en regard deux espèces voisines, l'une du midi, l'autre du nord, ou bien vivant, celle-ci dans la plaine, celle-là au sommet des montagnes les plus élevées, la première aura, en général et sauf quelques exceptions, une taille supérieure à la seconde. En étendant encore le cercle de ce genre de recherches, on pourrait faire une étude analogue sur les animaux fossiles considérés individuellement et entre eux, en tenant compte des conditions dans lesquelles ils ont vécu, puis les comparer à ceux existant actuellement. Du reste, pour bien se rendre compte des variations de la taille des animaux, selon l'habitat et toutes les influences qui peuvent y introduire des modifications, nous ne pouvons mieux faire que de renvoyer nos lecteurs aux Mémoires publiés sur ce sujet même par M. I. Geoffroy, et qui font partie de sa zoologie générale.

Mais si, quittant le domaine de l'animalité pour nous élever à des considérations d'un ordre supérieur, pour agrandir, s'il est possible, le champ déjà si vaste et si varié d'observations qu'il nous présente, nous embrassons, d'un seul coup d'œil, le règne animal et le règne végétal, un nouveau sujet de méditations se présentera à notre esprit, et nous contemplerons avec admiration l'ensemble des harmonies plus grandes, plus majestueuses, plus imposantes que nous découvrirons. Quoi de plus admirable, en effet, que cette respiration inverse des animaux et des végétaux, découverte récente de la chimie moderne ! Quel plus beau spectacle que de voir ces harmonies sublimes, de telle façon que le monde organisé tourne dans un cercle immense, continu, sans fin, dont le règne animal est un pôle et le règne végétal un autre, venant tous deux se confondre dans l'immensité du règne minéral, pour recommencer ensuite la série non interrompue de leurs constantes métamorphoses ! Si l'on creusait ce sujet loin de l'effleurer ainsi que nous le faisons, combien de nouveaux faits, de nouvelles merveilles surgiraient de cet examen et viendraient prendre place dans cette multiplicité de phénomènes que régissent les lois d'harmonies individuelles ou générales. Ces faits presque tous si palpables, ne pouvaient échapper à l'attention de l'observateur le moins clairvoyant ; aussi, de tout temps, cet accord parfait entre les diverses parties d'un animal, étudié isolément ou comparativement avec ses congénères et avec les êtres dont l'ensemble constitue le règne végétal et l'inorganique, découvert ou entrevu plus ou moins obscurément, a-t-il fixé l'attention des philosophes, depuis Aristote et Platon, ainsi que celle des naturalistes. Mais les auteurs ne se sont pas placés au même point de vue pour envisager la question qui nous occupe, et nous devons signaler la double solution qui en a été donnée. Les uns, et c'est le plus grand nombre, sous l'influence d'un finalisme exagéré, mus par ces idées d'une si fausse philosophie, font intervenir l'intention du Créateur dans l'explication de chacune de ces harmonies : les autres, au contraire, rejetant toute explication basée sur l'induction seulement, reconnaissent cette harmonie, mais ne pensent pas que l'on puisse l'expliquer.

« Il n'y a pas un être dans l'univers, dit J.-J. Rousseau, qu'on
« ne puisse, à quelque égard, regarder comme le centre com-
« mun de tous les autres, autour duquel ils sont tous ordonnés,
« en sorte qu'ils sont tous réciproquement fins et moyens les uns
« relativement aux autres. L'esprit se confond et se perd dans
« cette infinité de rapports dont pas un n'est confondu ni perdu
« dans la foule. » Et ailleurs il ajoute : « Pénétré de mon insuf-
« fisance, je ne raisonnerai jamais de la nature de Dieu que
« je n'y sois forcé par le sentiment de ses rapports avec moi.
« *Ces raisonnements sont toujours téméraires*; un homme sage ne
« doit s'y livrer qu'en tremblant, et sûr qu'il n'est pas fait
« pour les approfondir ; car, *ce qu'il y a de plus injurieux à la*
« *Divinité n'est pas de n'y point penser, mais d'en mal penser.* »

Le passage qui suit, extrait des œuvres d'Etienne-Geoffroy
Saint-Hilaire, mérite également toute notre attention. « Mais,
« dit-il, *Dieu vous a-t-il pris pour confidents? Etes-vous au*
« *torisés* à parler pour lui? Bornons-nous, ajoute-t-il, au seu
« sentiment qui doit nous pénétrer, celui de l'admiration,
« n'allons point indiscrètement prêter notre esprit à celui qu
« est comme toutes les premières notions des choses, et qu,
« sera éternellement au-dessus de nos faibles intelligences. *Point*
« *trop d'audace dans la pensée* : et, naturalistes, contentons-nous
« des manifestations qui nous sont accordées. Et surtout, gar-
« dons-nous de faire *engendrer la cause par l'effet..... Restons*
« *les historiens de ce qui est*; n'arrivons sur les fonctions qu'a-
« près avoir vu, ou cherché à voir quels instruments les pro-
« duisent. Chaque être est sorti des mains du créateur avec de
« propres conditions matérielles : il peut selon qui lui est attri-
« bué de pouvoir ; il emploie ses organes selon leur capacité
« d'action. »

M. I. Geoffroy a, lui aussi, fait justice, en quelques lignes, de
cette idée exagérée des causes finales, et nous ne pouvons résis-
ter au plaisir de les citer. « Les livres sont pleins, dit-il, de
« raisonnements où la puissance providentielle de Dieu est repré-
« sentée comme intervenant dans la conservation des espèces, non
« par ces lois générales d'harmonie qu'elle a posées à l'origine des

« choses mais par des soins apportés minutieusement et spéciale-
« ment à la création de chaque être. Raisonnements injurieux pour
« la Divinité et absurdes par eux-mêmes, dont le talent de plu-
« sieurs écrivains, et peut-être aussi ce besoin d'explications qui
« est une des lois de notre nature, ont pu seuls protéger si long-
« temps la fragilité ! Que dirait-on d'un astronome qui voudrait
« substituer à la théorie newtonienne, dans la mécanique céleste,
« l'hypothèse d'autant de causes et de principes particuliers du
« mouvement que les espaces renferment d'astres errants ? » (Art.
zoologie de l'*Encyclopédie du dix-neuvième siècle.*) Qu'il nous suffise d'ajouter que l'antiquité païenne, exagérant encore ces idées,
croyait qu'un dieu particulier et spécial était préposé à la conservation et au gouvernement de chaque être de la création, animé
ou non, quelquefois encore à chacune des parties qui les composent. Le moyen âge a suivi ces errements, en ajoutant foi aux
forces occultes. Qui ne connaît, pour en finir, cette explication
célèbre : *la nature a horreur du vide !* pour se rendre compte
d'un phénomène physique le plus vulgaire. En ce qui concerne
donc l'acceptation et la constatation pure et simple des lois et des
faits d'harmonie, l'accord le plus parfait règne entre les auteurs,
et la divergence d'opinions n'existe que dans l'explication que
l'on peut en donner ; mais, quand on arrive à la doctrine des
analogies, il n'en est plus de même. Dès les premiers pas faits
dans cette direction nouvelle, les débats commencent et il faut
marcher au milieu des difficultés que nous présente la théorie en
elle-même et des objections qui surgissent de toutes parts. Or,
voyons ce que l'on entend par cette idée des analogies ; si, quoique moins évidente que celle d'harmonie, elle n'est pas aussi
vraie et, enfin, si les objections qu'elle soulève ne sont pas plus
spécieuses que réelles ou demeurent sans réponses.

Lorsque nous examinons les mêmes organes dans la série des
animaux, nous voyons que si les conditions requises pour le
parfait exercice de la fonction qu'ils sont appelés à exécuter, sont
remplies dans les proportions voulues pour que cette concordance entre l'organe et sa destination physiologique fût la plus
satisfaisante possible, il est cependant d'autres rapports que le

simple but harmonique auxquels la nature a voulu satisfaire : car,
ainsi que nous l'avons déjà fait remarquer, il nous semble évident
que ce n'est pas dans une intention purement d'harmonie que la
nature a conservé chez l'autruche, le casoar, le manchot, et surtout
l'aptérix, ces ailes si peu développées ou tout à fait rudimentaires,
puisque ces organes sont ici sans usage fonctionnel ou à peu près,
mais afin qu'ils fussent les représentants, les analogues de ces mêmes
parties, ayant une importance si grande chez les autres oiseaux
pour la locomotion aérienne. Les mammifères nous présentent
des faits de même ordre et non sans valeur. Les cétacés, comme
personne ne l'ignore, vivent dans l'eau où ils se meuvent par
l'impulsion qu'imprime à leur corps leur queue d'une force et
d'une puissance extrêmes. Chez tous ces animaux dont la tête est
en général très-volumineuse par rapport à la masse entière du
corps, le cou a disparu ; et cela se conçoit : pour soutenir une
face, des mâchoires de dimensions aussi considérables, un cou
long, mobile dans ses diverses parties, ne pouvait convenir. E
ce cas l'harmonie subsiste ; mais, pour y atteindre, une seule
grosse vertèbre, une tige osseuse suffisait. Est-ce ainsi que la
nature a procédé ? non : elle est arrivée au même but, à former
l'équivalent de cette grosse vertèbre, en soudant en un seul bloc
les sept vertèbres cervicales qui se voient chez tous les mammifères (un bradype excepté qui en a neuf) : pour arriver à l'harmonie, elle a conservé l'analogie, passée par cette dernière loi,
si j'ose ainsi dire. Pourquoi donc conserver des parties dont l'u-
tilité nous échappe ? Pourquoi ces sept distiques plats, formant
une masse compacte, à peine distincts les uns des autres, ayant
un aspect, une forme, une structure, un agencement si différents de ceux que ces mêmes parties nous présentent dans le
cou de la girafe, je suppose ? Nous le savons, un exemple ne
prouve rien, il aide seulement à la solution d'une question,
et, pour celle-ci, l'anatomie comparée nous fournit un nombre
immense de faits de la même nature. Mais comment les
reconnaître et déterminer leur nature ? quelle méthode à suivre dans leurs recherches ? quelles limites leur assigner ?
questions importantes et auxquelles nous allons donner la ré-

ponse convenable à chacune selon sa nature et son importance.

Si l'on médite les travaux de M. Et.-Geoffroy Saint-Hilaire, on en voit surgir deux idées fondamentales, dominant toutes les autres, et essentiellement différentes cependant, bien qu'on les ait souvent confondues l'une avec l'autre. Ces deux idées sont la *méthode des analogues*, et la *théorie d'unité de plan ou de composition organique.* Donnons quelques éclaircissements historiques.

Dès les premiers temps de la science, à dater d'Aristote, la dernière de ces idées fut émise par ce grand naturaliste, et depuis n'a cessé de faire partie du domaine de la zoologie. Mais il faut traverser un long espace de siècles avant qu'un autre naturaliste, le voyageur Bélon, vint à la formuler de nouveau (1555). Dans cet intervalle, on ne trouve que saint Augustin qui ait pu l'émettre dans ces paroles *natura appetit unitatem*, qui rappellent cette belle pensée de Leibnitz, *l'unité dans la variété.* Il est vrai que ces expressions peuvent s'appliquer aussi bien à la loi d'harmonie qu'à celle d'analogie ; aussi laisserons-nous de côté ces auteurs, et encore d'autres, pour ne nous attacher qu'à ceux où elle se rencontre franchement, et nettement exprimée. Après Bélon, nous citerons Newton, Buffon, Herder, Vic-d'Azir, Pinel, Goethe. Quant aux différents passages où ces hommes éminents à des titres si divers ont formulé cette grande idée, nous renvoyons nos lecteurs à l'ouvrage de M. I. Geoffroy. Mais reprenons notre marche et discutons l'idée en elle-même, et voyons en quoi consistait la notion des analogies pour les auteurs dont nous venons de rappeler les noms.

Pour Aristote, les analogies étaient toutes superficielles. Zoologiste plutôt qu'anatomiste, il ne cherche qu'à déterminer les caractères extérieurs des animaux, leurs affinités, comme l'on dit : les ressemblances et les différences sont tout pour lui ; dès lors il est facile de se rendre compte de la tendance qu'il manifeste dans la détermination des analogies, et l'erreur dans laquelle il est tombé. En effet, Aristote les puise dans la fonction, et, pour lui, deux organes seront analogues s'ils sont affectés au même but physiologique. Il fait consister les analogies dans les harmonies : les parties élémentaires et rudimentaires des organes sont non ave-

nues dans cette manière d'envisager la question ; cela se conçoit :
le point de vue fonctionnel était son point de départ. Bélon,
en ressuscitant cette idée, fut plus heureux. Il place debout et en
regard deux squelettes, celui de l'homme et celui de l'oiseau,
mettant les mêmes lettres aux parties qu'il croit être semblables.
L'idée n'est reproduite que par la concordance des lettres dans
les squelettes et par quelques mots placés au bas de ces figures.
Emise à cette époque, cette conception est remarquable, et d'autant plus que le problème est posé tel qu'il doit l'être si on veut
arriver à sa démonstration scientifique. Il est bien vrai que Bélon,
faute de connaissances accessoires, nécessaires à la solution de
cette haute question d'anatomie philosophique, a pu et a dû nécessairement se tromper dans ses déterminations ; il n'est pas
moins vrai de dire que, le premier, il a eu le vague pressentiment que le membre antérieur de l'homme et l'aile de l'oiseau
étaient des organes analogues. Newton et Buffon, ces esprits
éminemment synthétiques et unitaires, ne pouvaient point ne pas
entrevoir ces principes de philosophie naturelle la plus relevée ;
mais pour ces deux génies, ce n'est qu'une exclamation, un cri
de l'âme arraché par la contemplation des êtres, et qui, lueur
passagère, s'éteint sans profit pour la science. Cependant, à cette
époque, toutes les sciences se trouvent poussées à un tel degré
de perfection, qu'il est facile de prévoir que si elle se présente de
nouveau, cette idée pourra y occuper une plus vaste place et
avoir quelques éléments de détermination scientifique : c'est ce
qui arrive, en effet. Vic-d'Azir, jugeant de haut, entrevoit l'analogie qui existe entre les membres thoraciques et abdominaux de
l'homme. Il en est de même de Herder et de Goethe. Le premier, comme si cette idée lui paraissait évidente et sans nul besoin de démonstration, la prend comme principe dont il essaie
de tirer des conséquences. Mais c'est à Goethe que nous devons
nous arrêter un instant : ce dernier est plus net et plus précis
dès 1786. Jusqu'alors, les idées d'analogie étaient vagues,
indécises ; elles étaient une sorte de pressentiment, faisant
sur leurs auteurs une vive impression mais passagère : nulle
part des déductions vraiment scientifiques ne les suivent : c'est

un éclair qui naît, brille et meurt au souffle qui l'a produit.

Goethe fut naturaliste aussi éminent que grand poëte, et cela durant toute sa vie. Il a été comparé en ce point à Voltaire ; mais cette comparaison est fort inexacte. Voltaire a écrit sur les sciences physiques et naturelles en homme du monde de son temps et non en savant, d'après les autres, et non d'après ses études spéciales sur les objets eux-mêmes ; c'est ce qui explique ses écarts et les erreurs dans lesquelles il a pu tomber. Pour le poëte allemand, c'est tout différent : voué par goût à l'étude des sciences naturelles, il les a cultivées toute sa vie, et, sans des circonstances particulières, il eût probablement découvert en Allemagne ce que M. Geoffroy devait découvrir plus tard en France, découvertes auxquelles son nom devait cependant rester attaché. Ce culte que Goethe avait pour la science se trouve confirmé par ces paroles : *J'ai vécu dans un ossuaire scientifique ;* et plus encore par ses travaux en histoire naturelle et par l'autorité incontestée de son nom dans quelques-unes des questions soulevées dans ces derniers temps. Quelles causes donc ont pu l'arrêter dans la voie des découvertes ? Dès son début dans la carrière scientifique, en procédant d'un principe nouveau, celui des analogies, il découvre l'os intermaxillaire chez l'homme. Il s'empresse de communiquer son œuvre à Camper qui lui répond que son travail est intéressant et que *l'écriture en est bonne.* Que l'on juge de la déception et du découragement que dut ressentir le jeune Goethe en recevant cet arrêt sévère de l'illustre anatomiste. Déçu dans ses légitimes espérances, rebuté par ce premier jugement, et connaissant Schiller, déjà célèbre, il se livre à la poésie, sans toutefois renoncer à ses études premières, à ses études favorites. Il fonde même un journal scientifique, et sa dernière pensée est consacrée à la science. En 1832, lors de sa mort, il composait un travail dans lequel il abordait et discutait les plus hautes questions de la philosophie des sciences naturelles. Jamais, il faut le reconnaître, Goethe n'entreprit la démonstration de l'*unité de composition* ; il ne publia que tard même, en 1820, alors que ces idées étaient connues depuis longtemps en France surtout, les résultats remarquables auxquels il était arrivé dans cette direction. Quelques années ensuite il intervint dans une discussion célèbre à plus d'un titre, et il lui fut donné d'apporter à l'une des parties l'autorité de son nom et de son génie. Tous ces détails historiques, toutes ces dates sont importantes, car elles permettent de restituer à chacun la part qui lui est due dans la solution de cette grande question, et de préciser avec justesse à qui de droit en revient l'honneur.

Ainsi, on remarque pour la détermination des inconnues de ces problèmes comme pour toute science en général, trois époques bien distinctes. A la première se rattachent les travaux qui remontent à Aristote et qui embrassent tout le temps qui s'écoule depuis lui jusqu'à et y compris Goethe. On pressent cette idée des analogies, mais on ne la suit pas dans ses déductions, même on l'envisage à un faux point de vue : le point de vue physiologique. Dans la deuxième période de son évolution, ce pressentiment si vague de la première devient plus précis : ici il y a une perception plus profonde et plus lucide ; déjà elle a une influence plus marquée pour les progrès futurs des sciences naturelles : Goethe s'en inspire dans ses travaux, mais ne la démontre point : il l'accepte et voilà tout. Mais à la troisième phase que nous présentent les analogies dans leur évolution, et avant que de prendre leur rang définitif dans la science, que de s'imposer à elle pour ses développements dans l'avenir, leur conception est non-seulement perçue, mais démontrée, et au lieu d'être une sorte d'intuition, un fanal servant à diriger le naturaliste dans ses recherches, elle devient une idée mère, féconde, autour de laquelle toute une masse de faits vient graviter comme les rayons d'un cercle vers son centre : elle est la base d'une théorie au lieu de n'être qu'un principe accessoire entre tous ceux sur lesquels s'étaye l'édifice des sciences naturelles. Que l'on ne croie pas cependant que M. E. Geoffroy-Saint-Hilaire, reprenant la question au point où l'avait laissée Vic-d'Azir, que Goethe avait développé, l'ait démontrée en partant de là : non ; avant que de la formuler et de donner les preuves scientifiques à l'appui, il passera par les deux premiers états. Chez lui, ce ne sera d'abord qu'un vague et obscur pressentiment de même que pour ses devanciers, puis il travaillera sous son influence et ce ne sera que beaucoup plus tard qu'il lui sera possible de la poursuivre, de chercher et de trouver la véritable et réelle solution du problème, la seule admissible dans les sciences d'observations : nous voulons dire la démonstration entée sur les faits. La preuve de ce que nous énonçons se trouve appuyée par l'ensemble des travaux de M. Geoffroy. En 1796, dans son Mémoire sur les *Makis*, il ne fait qu'énoncer l'idée des analogues : alors il se trouve au point où en étaient Buffon, Vic-d'Azir. En 98, cette même idée se représente à son esprit, mais déjà elle a pris de l'extension, du développement. Il en était arrivé à cette phase de son évolution que nous avons signalée chez Goethe. A son départ pour l'Egypte, il était sur le point d'en poursuivre la détermination et de se livrer aux recherches et aux travaux que nécessitaient une pareille entreprise. Mais à cette époque, il est probable que les efforts de M. Geoffroy eussent été vains, et que, découragé par les difficultés de la question, il l'eût abandonnée pour n'y revenir jamais peut-être. Alors, les sciences, malgré leur vaste développement, n'étaient pas assez avancées pour qu'il fût possible d'aborder avec fruit un semblable problème et espérer de dégager les valeurs des inconnues. Il lui fallait des faits, et il était impossible à un seul homme de les trouver et de les démontrer en les coordonnant et les synthétisant. Car, dans ces sortes de questions, quelles que soient les ressources dont un homme dispose, quels que soient sa science, ses lumières, son génie, son espérance d'une longue et laborieuse carrière, il est un élément indispensable, ce sont les faits, et le temps seul mène les hommes à leur découverte. Ce fut donc un résultat heureux pour la science ainsi que pour la gloire de M. Geoffroy, que cette expédition d'Egypte. En partant pour cette terre célèbre, Bonaparte fit proposer à Cuvier de faire partie de l'expédition. Mais alors occupé de son anatomie comparée, ce dernier crut devoir refuser, et M. Geoffroy partit. Le refus de l'illustre naturaliste était heureux pour M. Geoffroy. Le premier, en s'occupant d'anatomie comparée, collationnait et trouvait précisément les faits indispensables aux vues de son jeune confrère, et celui-ci, livré à de nouvelles occupations, délaissant forcément pour un temps cette idée des analogues, conduit qu'il devait être à ne la reprendre que plus tard et au moment le plus opportun. C'est en 1806 qu'il aborde enfin définitivement cette question, et c'est à cette année qu'il faut remonter si on veut arriver au premier moment d'une démonstration réellement scientifique et rationnelle.

Il est des analogies tellement évidentes que personne ne les conteste : telles sont celles que nous présentent les doigts de la main et du pied chez l'homme. Mais, dès l'instant où l'on veut admettre cette même analogie pour les espèces, étendre ce mode de comparaison entre les êtres, la divergence commence. Jusqu'en 1806, la science n'offre aucun travail pour cette sorte de détermination. La méthode, fil d'Ariane, qui doit conduire dans le labyrinthe des faits, diriger l'observation est à déterminer. Jusqu'alors on n'acceptera que les analogies de la dernière évidence, et, si l'on veut aller au delà, on tombera dans l'arbitraire. Tel organe sera l'analogue de tel autre pour certains auteurs, tandis que, pour d'autres, cette analogie n'existera pas. Quelle méthode doit-on employer, s'il est possible de s'en créer une, pour faire sortir la science de cet arbitraire, et reconnaître par son juste emploi les véritables analogies d'avec les fausses, évidentes ou non, palpables ou cachées ? Tel est le premier problème que dut se poser et se posa, en effet, M Geoffroy ; tel est son point de départ. Il a besoin de la méthode pour déterminer et fixer scientifiquement les analogies, et c'est à sa découverte que tous ses efforts vont tendre.

En général, pour résoudre des questions de cette nature, la marche la plus simple, la première qui se présente à l'esprit et qui fixe tout d'abord l'attention, est celle qui consiste à aller du connu à l'inconnu, du simple au composé, de ce qui est évident en soi à ce qui réclame une preuve ; il n'en fût pas de même dans ce cas, et, dès le premier pas, M. Geoffroy aborda le point le plus obscur de ses déterminations. Il ne compare point d'abord les mammifères entre eux, ceux-là qui auraient pu lui faciliter la recherche des analogies comme étant les animaux les mieux connus et qui les présentent avec le plus d'évidence : il interroge en premier lieu les poissons, les compare aux vertébrés supérieurs. On est tout étonné de cette hardiesse ; mais si l'on songe que son but était alors non pas tant d'acquérir des résultats pour la détermination des analogies que de vérifier si sa méthode était logique et si légitimement les conséquences auxquelles on arrivait en l'employant pouvaient être considérées comme ayant une valeur scientifique rélle et incontestable. Il reconnut qu'il atteignait le but qu'il s'était proposé : qu'il existait des analogies réelles autres que les évidentes, et que sa méthode, tout en les découvrant, démontrait leur filiation jusqu'à l'évidence. Dès lors la science doit faire tous ses efforts pour arriver à la connaissance de celles qui nous sont encore inconnues, et si, comme le dit Bossuet, elle est le fruit de la démonstration, nous devons appliquer à ces nouvelles analogies les principes qui servent à leur détermination, voir si ces principes, basés sur des faits de même nature, peuvent encore trouver ici leur application et suffire à leur démonstration. Or, dans ces recherches, il ne faut pas perdre de vue les modifications importantes que deux éléments analogues doivent subir en vertu de la loi d'harmonie, pour exercer la fonction qui leur est dévolue ; il ne faut pas oublier aussi que deux organes sont analogues quand ils sont semblables en leurs points essentiels, bien qu'ils diffèrent en leurs parties accessoires. Cela posé, suivons M. Geoffroy dans la recherche et la détermination des principes fondamentaux de la *Méthode des analogues*, et voyons quelle importance relative ils ont les uns par rapport aux autre, et l'ordre logique de leur découverte.

Ce qui tout d'abord et *à priori* frappe le plus, est l'importance de la fonction comme base dans la détermination des analogies. Comme Aristote, M. Geoffroy partit de la fonction, c'était séduisant ; mais le plus léger examen lui suffit pour comprendre combien ce point de départ était erroné, et que s'il voulait arriver à un résultat satisfaisant, il devait aller ailleurs chercher ce premier principe qui lui faisait défaut. Les mêmes fonctions, en effet, sont remplies par des organes qui ne sont pas analogues, et réciproquement des organes analogues ne le sont plus physiologiquement parlant. Que l'on passe en revue les animaux, et l'on verra que la respiration, cette fonction si importante, est tantôt pulmonaire ou trachéenne, tantôt branchiale ou cutanée; et, sous le rapport anatomique, quelle analogie y a-t-il entre un poumon, des trachées, des branchies et la peau? la fonction que ces organes remplissent est la même pourtant. La locomotion nous offrira un exemple de même nature. Chez nous elle est remplie par nos membres pelviens, tandis que les quadrupèdes proprement dits marchent sur la paire antérieure et abdominale ; les cétacés, au contraire, se meuvent au moyen de la première et de leur queue, d'une puissance que tout le monde connaît. Dans les poissons, la queue est l'organe locomoteur essentiel ; les membres ne servent guère qu'à maintenir l'animal en équilibre au sein des eaux ; les serpents, d'un autre côté, privés d'appendices locomoteurs, rampent sur le sol ou nagent au moyen des ondulations seules de leur corps. Chez les invertébrés, la diversité est encore plus grande. et ici les mêmes organes peuvent remplir des fonctions diverses. Les crustacés, par exemple, ont des appendices latéraux qui leur servent à se mouvoir, et sont bien évidemment analogues entre eux. Or, dans quelques-uns de ces animaux, une ou plusieurs paires antérieures, dites pattes mâchoires, et ce nom est frappant, sont modifiées pour la préhension et la mastication ; chez d'autres, au contraire, ces mêmes parties servent à la respiration. Cet exemple n'est pas le seul que nous offre la nature, et nous pourrions en citer une foule d'autres. Qu'il nous suffise de mettre en regard notre main et notre pied, l'aile des oiseaux en général et leurs membres inférieurs, etc. Ainsi ce qui précède le démontre, la même fonction est remplie par des organes fort divers, et réciproquement les organes analogues peuvent être dévolus à des fonctions très-différentes. Si donc on voulait obtenir un bon résultat, il fallait renoncer à la fonction comme base et point de départ, et même ne la regarder que comme élément de solution d'une importance très-secondaire dans le problème des analogies. Faudra-t-il alors accorder à la forme, à la grandeur, à la structure d'un organe plus d'importance qu'à la fonction de cet organe même ? Non ; car la structure, la grandeur, la forme d'un organe sont variables comme sa fonction ; les modifications de cette nature sont en rapport avec elle, fugitives, instables comme elle ; on ne peut les prendre pour fondement de la méthode. En effet, que l'on compare entre elles les vertèbres des animaux supérieurs, et l'on sera frappé de la différence qu'elles nous présenteront, selon qu'on les prendra chez certains poissons où elles ont presque toutes cette forme *dicônique* que nous connaissons, chez le boa, les oiseaux, les mammifères. Dans ces deux derniers groupes, cette dissemblance est plus grande, car elle aura lieu non-seulement entre les vertèbres des diverses régions, mais encore entre ces mêmes os d'une seule région dans un même individu. Puisque la fonction doit être rejetée comme premier principe de la méthode des analogues, devra-t-on partir de cette idée des dégradations organiques et reconnaître les analogies en suivant la chaîne des êtres, en comparant un groupe à celui qui le précède et à celui qui le suit : la réponse est facile.

Ainsi que nous l'avons déjà dit, les analogies se déterminaient autrefois sans règles et sans principes fixes ; cela se conçoit, le *criterium* manquait. Il est bien vrai que, avec le temps, on avait enfin adopté, pour sortir de cet arbitraire, une règle, la comparaison directe des organismes entre eux, fondée sur la dégradation qu'ils nous présentent, en partant de l'homme pour descendre par degrés jusqu'au dernier des cétacés. C'est en suivant cette marche que l'on était parvenu à reconnaître que le pied de l'homme et les appendices qui terminent les membres des mammifères étaient analogues. La patte de l'ours, animal plantigrade, offre, en effet, la plus grande analogie avec notre pied ; elle est même incontestable. En passant de l'ours aux genres chien et chat, en suivant les modifications insensibles, les dégradations, pour employer le mot consacré, qui se manifestent dans cet organe, on reconnaît que les pattes du chat, du chien, sont analogues entre elles, à celles de l'ours, et par suite à l'organe correspondant dans l'espèce humaine. Mais que, dans la suite de ces dégradations d'un même organe, que, dans cette série descendante, un terme manque, un hiatus apparaisse, comme cela se voit si fréquemment, et cette détermination directe est rendue

3

impossible. L'obstacle est tel qu'on ne peut le franchir. Cette méthode est donc de la dernière insuffisance et ne peut servir que dans les comparaisons de groupes très-restreints.

Si, comme le voulait Bonnet et d'autres auteurs dans un sens différent, les êtres pouvaient se placer sur une seule ligne, de telle façon qu'un animal ou un groupe quelconque de la série nous offrît un ensemble de caractères, une organisation supérieure à celui qui le suit, moindre que celui qui le précède, on pourrait par cette méthode déterminer un grand nombre d'analogies, beaucoup restant inconnues ; mais il n'en est pas ainsi, et les animaux, au lieu de pouvoir se placer sur une seule ligne, nous offrent des redoublements de termes, des hiatus que jamais les progrès futurs de la science ne pourront combler. Qu'il nous suffise enfin de rappeler un fait bien connu. Quand on examine les membres des ruminants, on voit qu'il existe certaines pièces connues sous les noms de canon, d'ergots, etc. Ces os ne pouvaient se déterminer par la méthode directe, et cependant ces diverses parties sont bien les analogues des métatarsiens et des métacarpiens, ainsi que des doigts de la main et du pied de l'homme.

Mais si on ne peut partir de la fonction, ainsi que le voulait Aristote, ni se servir de la méthode directe pour la détermination des analogies, on comprendra dès lors toute l'importance des travaux de M. Geoffroy. Le mérite de cet auteur ne consiste pas, nous le savons, dans la découverte même de l'idée des analogies, car déjà elle s'était fait jour dans la science, mais bien dans celle de la méthode des analogues, des principes sur lesquels elle repose, et que nous allons passer en revue.

M. Geoffroy-Saint-Hilaire fut donc amené, ayant rejeté le point de vue physiologique et le principe des dégradations organiques, à puiser dans l'existence même des organes, dans leur disposition relative, leur agencement mutuel les uns par rapport aux autres, le principe sur lequel devait s'étayer et reposer toute la théorie. Or, si le *Principe des connexions* est vrai, s'il est vrai, comme l'a si bien dit M. Geoffroy, que dans la nature vivante un organe soit plutôt anéanti que transposé, toute la théorie se trouve

démontrée, les autres lois n'étant que des conséquences légitimes et rigoureuses de ce principe. Il est facile de se convaincre que les connexions sont aussi stables dans les organes que
leurs fonctions étaient au contraire variables, que la position relative de ces organes est fixe et absolue. Quand on étudie la composition osseuse de la tête de la baleine et que l'on cherche quels
sont les os qui concourent à la formation de la cavité oculaire de
cet animal, on reconnaît que ce sont les mêmes parties osseuses
qui se rencontrent dans cet organe chez les autres mammifères.
Mais, chez eux, l'œil se trouve profondément déjeté sur les
côtés de la tête, et alors on voit l'os orbitaire supérieur, après
avoir concouru pour sa part à la composition de la cavité, s'allonger en une bandelette pour venir rejoindre en haut de la tête
son homologue du côté opposé, et conserver avec ce dernier et
toutes les autres pièces osseuses de la boîte céphalique les mêmes
rapports, les mêmes connexions qui se rencontrent chez les autres
mammifères. A quoi bon cette modification profonde si la con-
nexion n'est pas quelque chose de fixe, d'absolu, d'invariable ?
Pour nous donc deux organes seront analogues, non pas parce
qu'ils seront dévolus à l'exercice d'une même fonction, mais parce
qu'ils auront les mêmes connexions. D'une manière générale : si
un organe (*b*) inconnu est placé entre deux autres (*a*) et (*c*), qu'on
les connaisse dans ce cas et dans un autre que le précédent
ainsi que le terme (*b*) intermédiaire, il est évident que ces deux
organes médians seront analogues entre eux. Que l'on ne se fasse
pas illusion cependant : bien que très-réduites, le champ des variations organiques est tellement immense que les difficultés que
nous présente la détermination des analogies sont encore fort
nombreuses. Cependant nous sommes dans la bonne voie, celle
du progrès, et quels que soient les obstacles qu'il reste à vaincre,
ce n'est pas le moment de reculer et de laisser comme non ave-
nus les efforts et l'énergie non moins heureux que constants de
ceux qui nous ont ouvert la carrière.

Toutefois le principe des connexions posé, le problème est
presque résolu, car si la position relative des organes est ce qu'il
y a de plus fixe et de plus indépendant dans les modifications

qu'un organe peut subir en vertu de la loi d'harmonie, il est évident que les organes rudimentaires, négligés ou à peu près
jusqu'alors comme étant sans fonctions, acquerront une haute
importance, et qu'on ne devra pas les négliger par cela qu'ils
échappent à la loi d'harmonie. Le principe corrélatif de ce fait,
celui qui nous est fourni par l'observation des organes congénères de ceux qui sont rudimentaires, est la *loi des balancements
organiques*. Dès qu'un organe se développe outre mesure, s'hypertrophie, celui qui lui correspond diminue dans la même
proportion, et si l'hypertrophie du premier est extrême, l'atrophie
du second est poussée si loin qu'il en est réduit à zéro d'existence.
Non-seulement l'étude de la série animale nous démontre ce principe, mais encore, et d'une manière plus évidente, l'anatomie patho-
logique, en ce sens qu'une observation de cette nature est plus facile à saisir sur deux organes voisins dans un même individu que
pour ces mêmes parties considérées dans deux êtres différents,
quels que soient du reste les degrés de leurs affinités. Les faits à
l'appui de ce qui précède abondent dans la nature. Les cétacés
manquent de membres abdominaux, leur bassin se réduit à des
os styliformes, mais leur queue a pris un grand développement.
En suivant la clavicule dans ses diverses modifications, on la
verra d'une part bien développée chez l'homme et la plupart des
oiseaux, tandis qu'elle sera flottante dans les chairs de quelques
rongeurs. Notre apophyse coronoïde atteint, au contraire, son
maximum de développement dans les oiseaux. Si l'on passe en
revue l'os du canon que nous avons déjà signalé, ainsi que les
ergots, les stylets, etc., qui l'accompagnent ou en font partie, on
reconnaîtra que leur plus ou moins de développement dans le
renne, le cerf, la girafe correspond à des effets de nature contraire. Tous ces résultats se conçoivent facilement, car, ainsi que
l'a dit Goethe, la nature a un budget fixe; si ses dépenses portent
plus en un point, elle doit les réduire en un autre. Le principe
des connexions, la restitution des organes rudimentaires, la loi
du balancement des organismes, tels sont les trois faits fondamentaux de la méthode. Mais dans cette déduction logique où
tout se lie, tout s'enchaîne avec une admirable précision, le prin-

cipe de l'*affinité élective des organismes*, bien que d'une importance
moindre que les précédents, est tout aussi incontestable et d'une
vérité aussi absolue; et nous ne devons pas être surpris de voir
un organe perdant son existence propre, n'être qu'une apophyse,
un accessoire de son congénère. Le phénomène, déjà cité de
l'apophyse coronoïde de l'homme comparée au même os chez les
oiseaux, est un des faits nombreux de la loi de *soi pour soi*. Quels
que soient donc les cas où l'on ait à constater des analogies ou à
les déterminer, il faudra faire porter la comparaison, non pas
sur les organes, mais sur les rudiments, les éléments de ces
mêmes parties, ainsi qu'il sera plus clairement prouvé dans la
suite.

Tant qu'on s'en tenait à l'étude du thorax, des membres, de la
colonne vertébrale, etc., ces principes suffisaient, et, pour ces
cas particuliers, le problème était résolu. Voulant continuer son
œuvre, M. Geoffroy-Saint-Hilaire porta la comparaison sur les
os du crâne et de la face des vertébrés, et il fut arrêté net. Il devait ou en rester là ou trouver un complément à sa méthode.
Mais le résultat auquel ses persévérantes recherches l'avaient
conduit était trop remarquable et trop satisfaisant pour qu'il pût
s'en tenir à cela seulement : son premier succès l'enhardit à en
tenter un second, et ses nouveaux efforts furent aussi heureusement couronnés.

Les pièces que jusqu'ici on avait eu à déterminer, placées bout
à bout, offraient une comparaison moins difficile que celles de la tête
qui sont agglomérées entre elles et ne sont pas en même nombre
selon la classe d'animaux que l'on considère. Or, si le principe de
la dégradation des organismes est vrai, les pièces osseuses de la
tête de l'homme devaient être plus nombreuses que celles en-
trant dans la composition de la même partie dans les poissons.
Pourtant, en apparence, le contraire a lieu : le nombre de ces
parties, loin de diminuer dans la série, semble augmenter. En
interprétant, comme on l'avait fait jusqu'à ce moment, ce principe de dégradations, le problème paraissait insoluble, et il l'était
en effet. Mais en comparant la tête des mammifères supérieurs
avec celle des poissons, M. Geoffroy reconnut que beaucoup

d'éléments osseux du membre antérieur et d'autres organes venaient chez ces derniers s'appliquer à la base du crâne. Il fallait donc les éliminer et les restituer aux organismes dont ils dépendent. Mais ce travail fait, le nombre des os de la tête des poissons paraissaient être encore plus nombreux que ceux de l'homme. Arrivé à ce point de sa méthode, il eut l'heureuse idée que les animaux inférieurs représentent d'une manière fixe les divers états embryonnaires par lesquels passent ceux plus élevés dans la série avant que d'arriver eux-mêmes à leur organisation de l'âge adulte. Cette idée n'est, comme on le voit, que la corrélative, la contre-partie de celle de l'unité de composition organique. En procédant d'après cette notion, il compara les os de la tête du poisson non plus avec ceux de l'homme, mais avec les points d'ossification par lesquels ils passent, et il dut descendre d'autant plus bas dans l'état embryonnaire de l'homme qu'il prenait un animal placé lui-même plus bas dans la série des vertébrés. Alors il reconnut que les os de ces derniers correspondaient aux points d'ossification des animaux supérieurs, éléments d'autant plus nombreux que l'embryon est plus près ds son origine, du premier moment de son évolution organogénésique. Mais à cette époque (1806-1807) la question était d'une très-grande difficulté : l'ostéogénie humaine était trop peu avancée pour fournir tous les éléments de la comparaison et permettre une complète solution. Ce ne fut qu'en 1818 et plus tard en 1828 qu'il put reprendre son idée et l'asseoir sur des bases aussi certaines que toutes celles que nous venons de passer en revue et qui, avec cette dernière, constitue la grande et belle théorie des analogues. Mais avant de quitter ce sujet, il nous reste un point à éclaircir : nous devons bien établir la différence qui existe entre ces trois idées, *théorie des analogues, unité de plan, unité de composition organique ;* cette distinction est importante.

La théorie des analogues n'est autre chose qu'une méthode ou l'ensemble des principes qui servent de base à la recherche et à la détermination des analogies. Par *unité de composition*, on entend au contraire que les organes de même nature sont formés d'éléments analogues, et, par *unité de plan*, que les animaux ont

ces mêmes organes semblablement coordonnés. Ces deux dernières idées sont corrélatives l'une de l'autre, les deux faces d'une
même question. On ne peut donc confondre ensemble ces trois
idées : la première, indépendante des deux dernières, que celles-ci
soient fausses ou non, n'en subsiste pas moins, est et restera toujours vraie, quel que soit le sort des deux autres avec lesquelles
elle a été si souvent confondue. Elle sert à démontrer l'unité de
composition, et dans quelle limite a lieu cette unité. Que le règne
animal soit *un* par son organisation ou qu'on y admette plusieurs
plans, la méthode s'applique dans un cas comme dans l'autre. Ni
l'un ni l'autre de ces principes ne sont démontrables de la même
manière. L'un se prouve directement par les faits, est d'une
vérification facile, tandis que l'unité de composition, basée sur
un ensemble de faits, est hypothétique et ne peut ni ne doit attendre sa démonstration que des progrès de la science. Ici encore
notre manière de procéder diffère de celle des Allemands, des
philosophes de la nature. Pour eux, ils posent un principe, et les
conséquences sont les faits connus ou à connaître ; ils tracent le
cadre où toutes les observations à venir doivent se ranger et prendre une place déterminée. Nous, au contraire, nous suivons une
marche inverse ; nous partons des conséquences pour nous
élever aux principes ; nous allons du particulier au général ;
des effets nous remontons aux causes, et si nous quittons le
domaine de l'observation, nous ne sommes pas infidèles à notre méthode empirique, en franchissant la limite qui sépare le
fait isolé de sa loi, car nous nous maintenons dans les bornes
d'une observation possible et réalisable. Quelle que soit la rigueur
de nos procédés, notre marche ne peut être assimilée à celle
suivie en mathématiques, car notre point de départ est une induction. Mais le nombre des faits est tel, que nous pouvons en quelque sorte regarder notre principe comme absolu. C'est, si nous
pouvons employer une comparaison pour le mettre plus en évidence, une droite dont une courbe va sans cesse se rapprochant sans
pouvoir jamais l'atteindre ; à un certain moment cependant on peut
considérer ces lignes comme n'en faisant qu'une, tant les valeurs
que l'on peut donner aux inconnues de chacune d'elles diffèrent

peu pour le point en question. Que l'on y réfléchisse pourtant, toutes les lois physiques, tous les principes déduits de l'observation reposent sur une induction d'une valeur plus ou moins élevée selon les nombres des faits observés et le mérite de ceux à qui on les doit. Les lois astronomiques, par exemple, ont pour bases une induction que personne maintenant n'ose révoquer en doute, tant les faits qui viennent à l'appui sont nombreux ; tant elle a reçu des observations dirigées d'après son principe d'éclatantes preuves ; tant enfin elle rend si bien compte de tous les phénomènes célestes. C'est en partant de la grande loi de l'attraction qu'il a été possible de ramener à la règle les faits exceptionnels que la lune, Uranus présentent en parcourant leur orbe, et ce n'est pas là un des moindres résultats de ce principe. Comme toutes ces lois physiques, celles d'analogie ont eu à subir les mêmes objections, à vaincre les mêmes préjugés. Apparues à une époque où des idées diamétralement opposées régnaient en souveraines dans la science, elles devaient donc nécessairement se dresser, comme tout principe nouveau, à l'encontre de ce qui était admis, et subir les conséquences de cette sorte d'antagonisme entre ce qui est et ce qui doit être. En outre, d'une date récente, elles n'ont pas encore le cortége de preuves qui rend les lois de Newton si inébranlables ; elles ont besoin d'être complétées, et, en ce sens, M. Geoffroy ne s'est jamais abusé. Il a consacré sa vie à collationner des faits, à les multiplier, afin de voir s'ils vérifieraient ses prévisions, et jamais un fait ne s'est présenté qui pût lui faire douter de la rigueur de ses principes et de la vérité de ses lois. Nous ne comprenons pas en ceci sa méthode des analogues ; dès 1806 elle avait ses principes, ses conséquences, de même que ses applications ; elle était déterminée, fixée, arrêtée, et, comme toute méthode ainsi établie, elle ne pouvait avoir besoin de preuves nouvelles, ni être attaquable ou reconnue fausse. Depuis cette époque il n'a nullement cherché à la démontrer, car ses applications seules restaient à faire. Comme la méthode des analogues, l'unité de composition organique est à nos yeux définitivement acquise à la science. Démontrée pour le système nerveux des vertébrés et des invertébrés, par les travaux de **MM.** Serres, Dutrochet, etc., elle l'est également dans l'ordre des faits tératologiques. Elle repose sur une masse de faits qu'augmentent sans cesse les progrès de la science, ainsi que sur une méthode inattaquable dans ses principes et ses déductions. Ce qui du reste lui assure une grande valeur, ce sont les emprunts que les sciences voisines lui ont faites et qui ont été couronnés d'un plein succès. C'est à elle que Goethe est venu demander ses idées de métamorphoses phytologiques repoussées pendant trente ans par la plupart des botanistes ; elle n'a pas été sans influence en médecine, et la chimie lui doit en partie le remaniement de ses propres fondements, les progrès heureux qu'elle a pu faire en quelques années. Cette opinion est-elle du moins celle d'un hommes les plus compétents en cette matière.

De tout ce qui précède nous pouvons conclure que les objections qu'on a faites à ces idées tombent devant les faits. Ces théories ne sont pas que de vaines hypothèses, sans bases dans le monde de la réalité, partant d'un principe idéal et n'en tirant que les conséquences fournies par le raisonnement. Leur auteur est bien réellement le *Poëte de la nature*, puisqu'il a pu nous dévoiler quelques-uns de ses secrets. Quant aux exagérations auxquelles elles ont pu donner lieu, nous ne pouvons que répéter avec le poëte latin : *Est modus in rebus.*

Il est une objection entre toutes, à laquelle nous avons à cœur de répondre, et nous espérons le faire victorieusement ; nous ne pouvons mieux faire que de laisser parler l'illustre Newton, qui ne sera pas suspect en cette matière, et **M. I.** Geoffroy-Saint-Hilaire lui-même.

« Si, après cela, dit Newton, en parlant de l'uniformité qui pa-
« raît dans les corps des animaux, vous considérez à part la pre-
« mière formation de ces mêmes parties, dont la structure est si
« exquise...., vous conviendrez que tout cet artifice ne peut
« être que l'effet de la sagesse et de l'intelligence d'un agent
« puissant et toujours vivant, qui, par cela qu'il est présent par-
« tout, est plus capable de mouvoir les corps dans son *sensorium*
« uniforme et infini, et par ce moyen de former et de réformer
« les parties de l'univers, que nous ne le sommes, par notre vo-

« lonté, de mettre en mouvement les parties de notre corps. »
A ces belles paroles, M. I. Geoffroy ajoute : « On sait que parmi
« les objections opposées par Cuvier à la théorie de l'unité de
« composition, l'une des plus graves par elle-même, et surtout
« par les circonstances dans lesquelles elle fut produite, fut tirée
« des prétendues entraves *apportées*, selon cette théorie, *à la li-
« berté et à la puissance du Créateur*. La plupart des théologiens
« s'empressèrent d'accueillir cette objection, de la développer et
« de repousser comme irréligieuses les idées de mon père. Son
« repos fut plus d'une fois troublé, et il l'a été tout récemment
« encore, par ces accusations extrascientifiques. On vient de voir
« sous quel point de vue différent, et avec quelle haute philoso-
« phie, Newton considère l'unité de composition. S'il se complaît
« à en rechercher quelques preuves dans une rapide étude de
« l'organisation des animaux, si cette idée, quand elle se pré-
« sente à son esprit, est avidement saisie par lui, c'est précisé-
« ment parce qu'elle lui fait apercevoir sous un jour nouveau la
« grandeur et la toute-puissance du Créateur. »

IV.

Nous nous sommes étendus un peu longuement sur les lois
d'analogies individuelles et générales, parce qu'à de certaines
époques elles ont été mal comprises, ou défigurées ou faussement
interprétées. En outre, elles sont un nouveau point de départ
dans la science, et, à nos yeux, leur apparition marque un des plus
grands progrès qu'aient faits les sciences naturelles. Destinées à re-
nouveler la face de la zoologie et de toutes ses branches, embryologie, anatomie comparée et philosophique, physiologie, elles méritent à ce titre, outre leur valeur intrinsèque, toute notre attention. L'architecte qui doit élever un monument n'en pose pas la
première pierre s'il ne sait sur quels fondements il bâtit, s'il n'a
fait tous ses devis, pris toutes ses mesures ; afin qu'il ne soit
pas déçu dans ses espérances, il doit tout connaître à l'avance,
et posséder le plan, les détails et toutes les proportions de l'édi-

fice qui doit surgir de son cerveau, comme la Minerve antique de celui de Jupiter. Les idées que nous allons exposer, quoique d'une haute importance, nous arrêteront moins longtemps chacune en ce qui les concerne, car, mieux connues que les précédentes, elles ont déjà été discutées, examinées : il ne nous reste, pour ainsi dire, qu'à préciser l'état de la question, à les énoncer et faire suivre leur exposition de quelques éclaircissements seulement.

Entre toutes, celles qui se présentent d'abord et auxquelles nous ne consacrerons que quelques lignes, sont l'idée de la *préexistence des êtres* et celle de l'*Epigénèse*, ainsi que le principe de la *variabilité* ou de la *fixité des espèces animales* sous l'influence des agents extérieurs. Chacun sait en quoi consiste la première et celle de l'*emboîtement des germes* qui n'en est que la conséquence. Ici encore les deux écoles se trouvent en présence, marchent dans deux voies diverses ; mais la discussion qui va suivre nous démontrera que de ces deux voies l'une est la seule admissible, la seule vraie ; car de ces deux idées, une seule repose sur des faits convenablement observés, nous donne la clef de difficultés jusqu'alors ici insurmontables ; elle seule enfin nous promet ce développement progressif sans lequel toute science est irréalisable.

Au premier abord, on ne voit pas trop comment le système de la préexistence des êtres, ou la théorie de l'Epigénèse, plus rationnelle et plus concordante avec les faits, peut intervenir ici et se relier aux principes de la fixité ou de la variabilité des espèces, qui sont la base de la zoologie. Les premières de ces questions se rattachent spécialement à l'embryologie, mais elles ne sont pas de son domaine seul. Car toutes les sciences sont sœurs, ont entre elles des rapports de filiation, et tel principe qui semble appartenir exclusivement à une branche de la synthèse de nos connaissances, peut cependant trouver sa place dans un rameau voisin. C'est ce qui a lieu ici : deux sortes de faits, les faits embryologiques et zoologiques, se rencontrent sur le même terrain, et selon que telle solution, que telle explication leur sera donnée, dans un cas, telle idée devra être admise conséquemment. Car, qu'est-ce que la préexistence des germes? C'est la création des êtres avec les mêmes organes, les mêmes conditions de fonctions, de structures, de formes, etc., que nous leur voyons aujourd'hui, que nous leur verrons demain. Qu'est-ce que la fixité de l'espèce? C'est aussi la préformation des êtres avec les caractères indélébiles, immuables que nous leur reconnaissons, qui sont tels depuis l'origine des choses et qui resteront de même tant que les animaux qui nous les offrent se perpétueront. Ainsi donc de ces deux questions, l'une est particulière, a trait aux individus ; c'est la préexistence des germes : l'autre est générale , au contraire, s'adresse aux espèces ; c'est la préexistence des espèces, pour ainsi dire, ou leur fixité. Ainsi que nous l'avons vu, ces deux idées corrélatives ont leurs contraires, unies par le même lien, de façon que si l'une est vraie pour les individus, la seconde nécessairement est applicable aux espèces ; seule, elle pourra rendre compte de tous les faits, expliquer tous les phénomènes, lever les difficultés devant lesquelles les deux autres échoueront. Nous les avons nommées plus haut : d'une part, c'est l'Epigénèse ; de l'autre, c'est la mutabilité de l'espèce. Il ne peut pas y avoir de liaison plus intime entre ces deux dernières ou les deux précédentes, pas de corrélation plus logique et plus rationnelle , sauf peut-être l'antagonisme qui règne entre le système de la variabilité et la fixité des espèces, ou l'hypothèse de la préexistence des germes et l'Epigénèse. Quelques mots en ce qui concerne ces deux dernières.

L'idée de la préexistence des germes et de leur emboîtement remonte à l'origine même de la science. En effet, on supposait que, dans le principe, tous les êtres, animaux et végétaux, avaient été créés avec les organes que nous leur connaissons, ainsi que les germes de tous ceux qui devaient succéder dans la suite, au fur et à mesure que les temps et les circonstances le demanderaient. En réfléchissant à cette question, l'on se demande comment il s'est fait qu'à l'apparition du microscope, cet admirable instrument qui nous découvre des animaux dans des espaces que l'on penserait vides et a mis sous nos yeux l'infiniment petit, cette singulière hypothèse de la préexistence n'ait pas été renversée, détruite de fond en comble. Ce résultat prévu fut bien celui au-

quel on arriva. La micrographie, par suite des perfectionnements
successifs apportés à l'instrument, fut poussée à un tel point que
l'observateur put assister à la formation des organes, à leur création et non pas à leur évolution ampliative seulement ainsi qu'on
le supposait. Mais, dans le principe, le microscope nous faisait
voir des organes d'une telle petitesse, que l'on admettait qu'il y
en avait encore de plus ténus, échappant à notre observation,
l'œil armé de ce puissant moyen d'investigation. Que l'on admette, je suppose, cet emboîtement des germes, que l'on prenne
l'œuf humain et que l'on calcule, dans cette hypothèse, ses dimensions pour quelques générations, l'imagination ne recu-
lera-t-elle pas effrayée devant la minime fraction à laquelle on arrivera! Or, sous ce volume dont elle est l'expression, cet œuf doit
renfermer en petit tous les organes de l'adulte, tous ceux des générations qui doivent succéder à ce dernier! Quelle sera donc la
dimension du cœur et celle de tous ces minces filets nerveux que
l'on suit avec peine chez l'être au terme de ses métamorphoses
organogénésiques, en employant un microscope du plus fort gros-
sissement? Que l'on passe maintenant à des animaux plus petits,
et l'on arrivera à des nombres fabuleux. « Certainement, dit
« Lyonnet, ceux qui sont dans la pensée que tout se reproduit
« ici par développement, trouveront là (dans les chiffres qu'il
« donne sur la reproduction d'un insecte, d'après ses expériences
« propres) de quoi se perdre, et seront obligés de reconnaître
« que si leur système est plausible d'un côté, il est fondé de
« l'autre sur des suppositions que nous n'avons pas la force de
« nous représenter comme possibles; puisque, pour cet effet, il
« faudrait pouvoir comprendre que la première mère des mouches
« dont nous parlons eût contenu dans son corps un nombre de
« petits si prodigieux, que parvenus à terme et réunis ensemble,
« ils formeraient, j'ose le dire, une masse plus grande qu'il ne
« résulterait de la réunion de tous les globes du monde visibles.
« Encore n'est-ce pas tout ce qu'il y aurait là de merveilleux.
« Comme chaque petit qu'une mouche renferme est au moins
« trente mille fois plus petit que sa mère, et qu'il faudra suppo-
« ser que ces petits renfermeront encore des germes au moins

« trente mille fois plus petits qu'ils ne le sont eux-mêmes, et ainsi
« de suite, voici une nouvelle sorte de progression encore plus
« merveilleuse que la première, par laquelle chaque mouche, à
« mesure qu'on la considère par degrés, comme plus près de sa
« première origine, diminuera beaucoup plus en volume que
« chaque génération ne l'a fait augmenter en nombre ; de sorte
« que tel ver de mouche, qui est aujourd'hui trente mille fois
« plus petit que sa mère, était trois cents millions de fois plus pe-
« tit qu'elle, une génération plus tôt, et trois mille milliards de
« fois plus petit, deux générations auparavant. Qu'on juge après
« cela de la petitesse infinie qu'il devrait avoir eue selon ce sys-
« tème, lorsque la naissance de ce ver était encore reculée de
« quelques milliers de générations. Il faudrait, en supposant que
« ces mouches n'engendrent qu'une seule fois par année, au
« moins vingt-deux mille et plusieurs centaines de chiffres ran-
« gés tous de suite, pour exprimer en arithmétique combien de
« fois il était plus petit qu'une mouche de son espèce, lorsqu'il
« était encore renfermé dans la mère commune dont cette espèce
« a tiré son origine. » (Théol. des Ins., traduite et annotée par
Lyonnet, p. 133 ; éd. Paris, 1745.)

En admettant encore cet enchevêtrement des germes, des organismes les uns dans les autres, peut-on dire, par exemple, que le
produit de l'âne et du cheval, les mulets en général, participant
à la fois aux caractères de leur père et de leur mère, organisation
mixte entre les deux dont ils procèdent, aient été créés en
germes ? soient dans les desseins primitifs de la nature ? Admettons encore ce fait et que les germes des mulets soient de même
date que ceux des types qui les produisent, nous ne serons pas
pour cela privés de preuves et des plus concluantes contre
le système de la préexistence. Dans cet ordre d'idées qui
nous occupent, c'est à l'expérience, à l'observation seules à
se prononcer et à décider de quel côté se trouve la vérité. Nous
arriverons à détruire cette hypothèse en nous guidant d'après ce
double principe et en partant des expériences faites sur ces êtres
que l'on suppose exister en germes dès l'origine.

En effet, M. Geoffroy Saint-Hilaire, dans le moment le plus critique de la campagne d'Egypte, lors du bombardement d'Alexandrie, doutant de ce que jusque-là il avait admis avec les naturalistes, pensa qu'en modifiant les conditions d'incubation des œufs, il modifierait probablement et dans la même proportion l'organisme de l'animal sur lequel il expérimenterait. Il commença des expériences dont il fit connaître le résultat à l'Institut du Caire. Pénétrée de l'importance de ce travail, cette assemblée engagea le gouvernement à accorder les fonds nécessaires, afin que M. Geoffroy pût en poursuivre l'exécution. Le général Menou, alors à la tête de l'expédition, déféra à ce vœu. Les circonstances devinrent tellement difficiles, que ces expériences durent être abandonnées, et ce ne fut que plus tard, en France, qu'il fut possible à leur auteur de les reprendre, et cette fois, non pas seulement dans son premier dessein, mais aussi pour appuyer d'autres idées, ainsi que nous aurons l'occasion de le faire voir. Si donc, comme le fit M. Geoffroy-Saint-Hilaire, on fait incuber des œufs dans des conditions autres que celles d'une incubation normale, on aura des produits qui auront varié dans les mêmes rapports ; si, d'un autre côté, après un certain temps d'incubation normale, on vient à en suspendre le cours et à placer l'œuf dans de nouvelles conditions, les produits seront anormaux et offriront des différences proportionnelles à la durée des deux incubations, normale et anormale, et aux causes modificatrices. Ces expériences, couronnées d'un plein succès, détruisent complétement l'hypothèse de la préexistence des germes. Il n'est plus possible dès lors d'admettre que les êtres normaux aient été créés avec l'organisation de l'adulte en miniature dans l'œuf, et que les germes des monstres et des êtres affectés d'anomalies datent de la même époque, ainsi qu'on avait été conduit à l'admettre depuis Sylvain Régis. Du reste, ces idées, dont les deux derniers représentants, et non les moins illustres, sont M. Cuvier en France et Meckel en Allemagne, n'ont plus aucune créance en histoire naturelle.

L'hypothèse de la préexistence des germes et de leur emboîtement illimité (1) se trouvant démontrée fausse par l'expérience, et

____

(1) Nous disons illimité, parce que l'observation démontre emboîte-

la raison refusant d'y croire, il est de toute évidence que l'idée contraire doit seule régner en embryologie , et que c'est à elle qu'il faut demander compte des faits de l'organisation : les organes se forment et ne préexistent pas, et l'évolution organogénique présente d'autant plus de métamorphoses successives, que l'être que l'on considère est placé plus haut dans la série , se rapproche plus de l'homme, qui nous les offre à leur *maximum* de développement. Tel est en peu de mots, et d'une manière bien incomplète, nous le reconnaissons, le résumé des principes de la théorie épigénétique et des principes de l'embryologie moderne.

Si la préexistence ne compte plus de partisans sérieux , et si l'épigénèse seule règne dans la science, il n'en est pas de même en ce qui concerne la *fixité* ou la *variabilité de l'espèce*. C'est qu'ici le rejet du principe de la fixité pour l'adoption de l'idée contraire entraîne des conséquences de la plus haute importance en zoologie, et devant lesquelles un grand nombre de naturalistes semblent reculer. Actuellement, toute la science repose sur cette notion de l'immutabilité des espèces ; toute la classification zoologique est basée sur cette hypothèse. La renverser, n'est-ce pas détruire tout ce qui existe ? n'est-ce pas porter le plus grand trouble dans la science ? n'est-ce pas, en un mot, obliger à reconstruire sur de nouvelles bases cet édifice si laborieusement élevé, que l'on pourrait croire bâti dans les plus harmonieuses proportions, dont toutes les parties paraissent nous offrir un ordre parfait et tel, qu'il semblerait téméraire d'y porter la main et d'espérer de le reconstruire mieux ? Le danger est grand, il est vrai, mais il faut l'affronter ; l'ordre paraît beau, mais il est factice et on peut le perfectionner ; il y aura perturbation, nous le savons ; mais, telle qu'elle est constituée, la science est condamnée à l'immobilité la plus absolue ; elle est pour toujours stationnaire. Si donc il y a un danger, une perturbation momentanés, ne craignons pas de

---

ment des êtres pour trois générations : ainsi une femme enceinte d'un fœtus femelle représente la première ; son fœtus a des ovaires renfermant des œufs ; il est le représentant de la seconde, et ses œufs le sont de la troisième.

les seconder, puisque les progrès de la science ne sont possibles
que par le remaniement de ses premiers principes ; que si, dans
cette rénovation de ses fondements, l'édifice zoologique paraît
crouler et s'affaisser sur lui-même, comme pour ne plus renaître,
plus tard il prendra des formes nouvelles plus grandes, plus belles, plus harmonieuses ; l'ordre se rétablira, et, débarrassée des
fausses idées, des erreurs qui entravent sa marche, la science
marchera d'un pas sûr vers son but dernier, sa perfectibilité
absolue, autant du moins que notre faible intelligence peut espérer d'y atteindre. Il ne faudrait pas croire, dans ce remaniement
général, à l'inutilité complète des travaux anciens ; non, ce sont
des pierres, des matériaux impérissables et qui ne subiront de
changements qu'en ce qui regarde la place qu'ils occuperont
dans le nouvel édifice. Mais, pour bien apprécier ces idées et
leur influence respective sur les progrès futurs de la science,
nous devons les exposer l'une et l'autre, les développer et les
discuter.

En admettant que les espèces sont fixes, créées telles que nous
les voyons, il est évident que, une fois leurs caractères arrêtés et
déterminés, on sait ce qu'elles ont été, ce qu'elles sont, ce qu'elles
seront à l'avenir : elles n'ont pas changé, elles ne changeront pas.
Or, jusqu'ici, les classifications zoologiques ont été établies
d'après cette idée de l'invariabilité de l'espèce, et on conçoit
combien une semblable notion facilite une distribution méthodique des êtres. Mais si l'espèce se modifie au contraire, celle
d'aujourd'hui n'est point celle d'hier, ne sera pas celle de demain ; on ne la connaît pas dans tous les temps de son existence,
mais à une époque seulement de ses métamorphoses, à un moment donné de son existence spécifique, si on peut s'exprimer
ainsi. On comprend dès lors quelle influence diverse ces deux
idées doivent exercer sur la science biologique. Avant d'aller plus
loin, nous devons bien exposer le point en litige, bien préciser
les termes, en quoi consiste la fixité et la variabilité des espèces,
c'est là le seul moyen de pouvoir arriver à un résultat positif et
de résoudre la question.

Lorsque l'on dit que les espèces sont fixes et invariables, on n'entend pas par-là que tous les individus qui les représentent soient identiquement les mêmes et se reproduisent avec tous leurs plus petits détails d'organisation tant intérieure qu'extérieure, mais seulement que les différences que ces êtres présentent n'ont pas la valeur des caractères qui différencient deux espèces même les plus voisines, qu'elles ne constituent pas des caractères spécifiques, comme disent les zoologistes. Les partisans de la variabilité des espèces prétendent et démontrent, au contraire, que par suite de l'influence du climat, de la nourriture, des habitudes, etc., en un mot, que, sous l'influence des agents extérieurs, les individus d'une même espèce présentent des modifications qui ont une valeur égale à celle des caractères spécifiques, et même à celles qui différencient deux genres voisins : quelques-uns vont plus loin et n'assignent pas de limites à ces modifications. Ainsi, pour les uns, les espèces subissent des modifications, mais elles ne peuvent caractériser spécifiquement les êtres qui nous les présentent ; les autres, au contraire, soit qu'ils n'admettent pas de limites à la production de ces modifications, soit qu'ils prétendent qu'elles donnent aux êtres qui nous les présentent des caractères d'une importance égale à ceux que l'on regarde comme différentiels entre deux espèces du même genre et même entre deux genres de la même famille, les autres, dis-je, démontrent que ces variations ont une valeur plus grande que celle que leur reconnaissent les partisans de la fixité de l'espèce.

Pour peu que l'on examine deux individus de la même espèce, offrant les plus grandes analogies de forme, de structure, de grandeur, de proportion, dans les détails comme dans l'ensemble, l'organisation tant intérieure qu'extérieure, il est impossible de ne pas reconnaître, avec tous les zoologistes, que ces deux êtres, quelle que soit presque leur identité, offrent cependant des différences : mais quelle est la valeur de ces différences ? quelles limites assigner à ces modifications ? Voilà le nœud de la question, la difficulté qu'il nous faut résoudre.

Les partisans de la fixité de l'espèce disent que ces variations se produisent dans des limites très-restreintes, et que les causes modificatrices n'agissent que sur des parties qui n'offrent pas de caractères spécifiques, tels que la taille, le pelage, la couleur, etc., en un mot, sur des organismes de peu d'importance. Ceux de l'opinion contraire admettent avec Lamark que l'on ne peut donner de limites à ces modifications, qu'elles se produisent aussi bien dans les organes essentiels à la vie de l'animal que dans ceux de peu d'importance, que les causes qui les produisent influent à tel point sur les espèces que ces dernières peuvent offrir des caractères qui distinguent les classes, même les groupes plus élevés. On le comprend ; entre ces deux idées extrêmes, il doit y en avoir une intermédiaire qui est la vraie. Toutes deux étant fausses, l'une par défaut, l'autre par excès, il est certain que la nôtre, étendant la première et restreignant la seconde dans les limites que lui fournit l'expérience et l'observation, est la véritable expression des faits. Et, selon nous, la variabilité des espèces a pour limite les caractères différentiels des espèces entre elles et des genres entre eux d'une même famille : les faits d'observation, l'expérience nous en fournissent des preuves nombreuses. Mais si, comme Lamark, on va au delà, on tombe dans l'hypothèse, on sort de la réalité, et il n'y a plus de démonstration rationnelle possible.

Pour établir donc notre thèse, prenons une espèce cosmopolite ou à peu près, une espèce répandue à la fois dans toutes les régions continentales de l'Ancien-Monde, l'Europe, l'Afrique et l'Asie, et voyons à quels résultats nous conduira une étude semblable. Si nous considérons le genre chacal qui se trouve dans les conditions énoncées pour l'habitat, nous aurons des différences selon les individus que nous étudierons ; mais comment prouver que ces différences ont une valeur spécifique et que deux espèces actuelles de chacal peuvent se ramener à une seule, créée primitivement ? En choisissant le chacal comme exemple, ce n'est pas sans intention. Il y a quelque temps, deux de ces animaux furent amenés à la ménagerie, où ils vécurent et furent étudiés par M. Frédéric Cuvier. De la comparaison qu'il en fit, il est résulté deux espèces : l'une de l'Inde et l'autre du Sénégal. Ayant été accouplés, ces individus donnèrent naissance à un produit dont M. Frédéric Cuvier fit la description, qu'il considéra comme

un mulet et non comme un métis , parce que , pour lui, c'est le
fruit du croisement de deux espèces distinctes. Plus tard la zoologie du chacal fut étendue, le nombre des individus connus aug-
menta , et il fut facile de se convaincre que les différences
extrêmes que présentaient les deux premiers chacals connus,
placés aux deux bouts de la série pour l'habitat, n'étaient plus
aussi grandes et qu'elles semblaient s'effacer lorsque l'on suivait
le chacal en allant de celui du Sénégal vers celui de l'Inde, et réciproquement. En partant donc de l'un quelconque de ces deux
animaux, on reconnaît que les différences qu'il présente avec
l'autre vont en s'effaçant, ou plutôt, les points de ressemblance
sont tels, que l'on passe de l'un à l'autre par nuances insensibles ;
l'espèce de l'Inde tendant à se transformer en celle du Sénégal ,
et celle-ci marchant, au contraire, vers l'espèce du continent
asiatique. Ce ne sont donc que deux variétés de la même espèce,
En partant de l'idée de la fixité de l'espèce, en suivant ce principe, on sera obligé d'en faire deux espèces comme M. F. Cuvier
l'a fait lui-même.

Ici, l'on conçoit qu'on ait agi de cette manière, et que l'on ait
d'abord établi deux espèces de chacals d'après les deux individus
connus. Dans une circonstance tout à fait semblable, et pour des
raisons que l'on appréciera facilement , on n'a point suivi la
même méthode. Le chacal, habitant des pays lointains , peu
connu et ne pouvant facilement l'être , vu sa patrie et la difficulté de se procurer des individus de son espèce, pouvait induire
dans l'erreur citée plus haut, et dans laquelle les naturalistes ne
sont pas tombés lorsqu'il s'est agi du renard : « J'ai comparé, dit
« Cuvier, des crânes de renards du nord et de renards d'Egypte
« avec ceux de renards de France, et je n'y ai trouvé que des
« différences individuelles. » (*Disc. sur les rév. de la surf. du globe,*
6ᵉ éd., Paris, p. 124.) Cet animal, vivant dans nos régions, au midi,
au nord, au centre de l'Europe, sous les yeux des zoologistes, était
d'une étude facile , et il ne fut donc pas possible de faire deux
espèces de renards d'après les dissemblances que présentaient celui du nord et celui du midi, car on avait les termes intermédiaires
de la série, et, en suivant les dégradations dans les différences des

termes extrêmes, comme aussi la gradation des ressemblances, on voyait que, à égale distance des deux points de départ, les unes et les autres croissaient ou décroissaient dans la même proportion, mais en sens inverse, et, en poursuivant cette comparaison, on arrivait à une région mixte dont les renards offraient les caractères mélangés en égale partie de ceux des contrées froides et de ceux des contrées les plus chaudes de l'Europe. Pour le renard, ainsi que pour le chacal, le problème de la détermination de l'espèce était le même, et si on n'a pas suivi la même méthode dans les deux cas, cela résulte de ce que la comparaison ne pouvait se suivre aussi facilement chez l'un que chez l'autre.

Cet exemple n'est pas unique dans la science; le choix seul embarrasse, et avant que d'aller plus loin, nous devons encore en prendre un de la même nature, qui jettera un grand jour sur la question qui nous occupe.

Personne assurément ne confondra une zibeline et une martre de France : la peau de l'une est une précieuse fourrure, celle de l'autre n'a que peu de prix ; mais en partant des caractères vraiment zoologiques, et de ceux qui seuls doivent ici nous occuper, la confusion ne sera pas plus possible. La zibeline a les pattes entièrement enveloppées de poils ; elle manque de la tache blanche que la gorge de la martre nous présente, et les pieds de cette dernière, au lieu d'être enveloppés de poils, sont nus dans la partie qui repose sur le sol et recouverts d'une peau dure et calleuse. La couleur du pelage, l'abondance des téguments ne sont pas non plus les mêmes dans l'un et l'autre de ces animaux. Il n'est pas inutile de remarquer l'harmonie que nous présente la zibeline avec les lieux qu'elle habite et où le froid est violent. Mais si, au lieu de prendre ainsi la zibeline du nord de l'Europe et la martre de France, nous considérons un animal intermédiaire par son habitat entre ces deux régions, nous verrons que les caractères qu'il nous fournira seront mixtes : la tache blanche de la gorge de la martre aura disparu ; le pelage sera moins épais, moins beau que celui de la zibeline et plus que chez la martre ; la couleur sera un mélange de celle de ces deux animaux, et la patte ne sera plus aussi nue que celle de la martre, mais aussi non autant poilue que celle de la zibeline. Les transitions par lesquelles on passe pour arriver à ce type mixte, en partant de la zibeline et de la martre, sont insensibles et suivent une même proportion en sens inverse. Ce type mixte est un véritable zéro, que l'on obtient en descendant des nombres positifs comme en rétrogradant par la série des nombres négatifs, dont le véritable signe se perd si l'on ne remonte au point de départ, à sa nature première. Si l'on suivait les termes de comparaison autant que cela est possible, on verrait que la martre des Hurons, ainsi que la nôtre, de même que la fouine, ont toutes trois le même type spécifique pour origine : nous ne voulons pas dire pourtant que les animaux qui forment ces trois groupes ne doivent être considérés comme issus d'espèces différentes en ce moment. Actuellement on ne peut les confondre en une seule espèce, car, par suite des variations qu'ils ont éprouvées sous l'influence des causes modificatrices, la somme de leurs différences et celle de leurs ressemblances ne peuvent être placées tout à fait sur la même ligne, et la zoologie n'existe qu'autant que l'on tient compte des caractères tirés de ces deux ordres de faits. Si l'on se fonde en zooclassie sur les affinités, il faut aussi respecter les dissemblances au même titre, les unes et les autres ayant la même valeur à nos yeux. Seulement, nous constatons, comme possible, l'origine commune de la zibeline, de la martre des Hurons, de celle de France, de la fouine, sans vouloir en faire une seule et même espèce.

Tant que l'on ne prend en considération que les caractères extérieurs des animaux, on s'accorde généralement à reconnaître qu'ils varient, et les partisans de la fixité de l'espèce ne diffèrent en ce point de ceux qui admettent l'idée contraire que sur les limites assignables à ces variations, ainsi que nous l'avons déjà dit. Quant à la variabilité ou la fixité des organes intérieurs, il en est encore de même à peu près, et parmi les zoologistes la divergence est extrême : les uns prétendent que ces variations n'existent pas, ou que, si elles existent, elles n'ont pas une valeur spécifique les autres vont jusqu'à dire qu'on ne peut leur assigner de limites. Pour nous, il en sera ici comme dans le cas précédent ; il y a variation dans les organes intérieurs, et les caractères qui en résultent sont d'une importance plus grande que ceux que l'on en-

visage pour déterminer certaines espèces. Les partisans de la
fixité de l'espèce nient ces modifications intérieures, parce qu'elles
ne peuvent coïncider avec le principe de la loi d'harmonie. En
réfléchissant à ce qui précède, on conçoit cependant facilement
que si les formes extérieures varient, ces variations externes doivent avoir une influence sur l'organisme même et dès lors aussi
traduire cette influence par des changements organiques profonds. Il ne faut cependant pas se le dissimuler, ici la difficulté
est plus grande que quand il s'agissait de constater les variations
extérieures que nous présentent les animaux ; car la détermination de parties internes est plus ardue que celle des précédentes,
et, en outre, les matériaux, les termes de la comparaison sont
bien moins nombreux. Les squelettes des diverses espèces du
même genre, ceux des animaux qui peuvent se ramener à un
même type spécifique sont peu abondants, et cependant leur
nombre sera grand comparativement aux parties molles que l'on
pourra se procurer. Quelques grandes pourtant que soient les
difficultés résultant de la nature même de la question ainsi que
de la pénurie des matériaux, la constatation des différences n'en
sera pas moins possible et réelle dans certains cas, et si, comme
l'a fait M. Geoffroy, l'on compare deux têtes de tigre avec celle
d'un lion, on verra que cette dernière différera moins de l'une
des deux autres que celles-ci entre elles. Or, ici l'équivoque est
impossible. Quoiqu'il résulte clairement de cette triple comparaison que les deux crânes de tigre sont moins ressemblants entre
eux que l'un ne l'est avec celui du lion, on peut cependant objecter que ces différences n'ont pas une valeur spécifique, et que de-
meurant en deçà de celles reconnues pour caractériser deux animaux d'espèce voisine, les individus qui nous les présenteront
pourront alors avoir un même couple pour origine commune
sans que pour cela il soit nécessaire de recourir au principe de
la variabilité des espèces. Mais, pour bien apprécier cette objection et résoudre le problème d'une manière aussi claire qu'absolue, il est bon de présenter ici quelques remarques d'un haut
intérêt en ce qui nous occupe.

En partant de la loi d'harmonie, on voit que les éléments pour résoudre la question que nous traitons en ce moment sont peu nombreux, bien que leur valeur soit importante. A ce point de vue, l'animal nous présentant une organisation en concordance parfaite avec les lieux où il vit, il est clair que les variations qu'il nous offrira suivront une marche en rapport avec celle de l'atmosphère, et qu'il ne cherchera pas une nouvelle patrie, puisque l'acclimatement auquel il se trouverait assujetti serait pour lui une cause de malaise, de souffrance, de mort même. Les animaux tendent donc à rester là où est leur patrie primitive, par la raison que là ils vivent mieux et plus facilement que partout ailleurs. Par cette raison, nous ne pouvons pas admettre ni concevoir même que le lion quitte les régions brûlantes qu'il habite pour les glaces polaires, pas plus que l'ours blanc abandonne ses neiges septentrionales pour les déserts de l'Afrique. Pour résoudre le problème, il faudrait obliger les animaux à quitter leur patrie maternelle, les faire changer de climat, les soustraire aux influences extérieures auxquelles ils sont actuellement soumis pour les transporter dans de nouveaux climats, les assujettir à de nouvelles conditions biologiques. Or, ici l'observation directe est rare, pour ne pas dire impossible, et l'expérience seule doit prononcer. Il est évident que, pour bien se rendre compte de la variabilité des espèces comme nous l'entendons, il faut que les circonstances varient, et, selon Bacon, il est nécessaire d'expérimenter. Les expériences dont nous reconnaissons l'urgence et l'importance sont toutes faites : nous les rencontrons dans les animaux domestiques, animaux que les partisans de la fixité de l'espèce ont totalement négligés, ou qui sont pour eux d'un embarras extrême, offrant des difficultés insurmontables dans la classification, lorsque l'on n'admet pas le principe contraire. A l'état sauvage, ainsi que nous le disions tout à l'heure, en parlant du lion et de l'ours blanc, les animaux ne peuvent ni ne doivent se soustraire à l'influence des circonstances extérieures qui sont en rapport avec tout leur organisme. Mais si, soumis au pouvoir de l'homme, à la longue ils peuvent vivre en d'autres circonstances, comme la loi d'harmonie est absolue, il faudra bien que leur organisation tant extérieure que profonde se mette en rapport avec ces nouvelles influences. C'est ce que nous offrent les animaux domestiques : ils ne sont que des espèces sauvages modifiées par l'homme. Ainsi, que l'on compare le bouquetin, le mouflon avec la chèvre et le mouton que nous avons en notre pouvoir, et l'on verra quelles remarquables et importantes modifications nous présentent ces descendants domestiques du type sauvage dont ils sont issus, d'après l'opinion généralement reçue. Or, le mouflon et surtout le bouquetin vivent en général dans les montagnes, vers la région neigeuse et un peu en dessous. Si l'homme a pu les habituer à la plaine, et il l'a fait, on conçoit que ce résultat obtenu, la difficulté était vaincue et qu'il a pu se faire suivre partout de ces animaux modifiés ainsi et qui primitivement vivaient dans des conditions climatériques essentiellement différentes. On conçoit également pourquoi chaque pays a ses races particulières, bien que toutes puissent descendre du même type. En supposant que chaque contrée, chaque chaîne de montagnes aient leurs bouquetins ainsi que leurs mouflons, il serait possible que les essais de domestications de ces animaux aient été faits en même temps ou en des temps différents sur les espèces propres à chaque contrée ; alors les diverses races de chèvres et de moutons ne sortiraient pas d'une seule et même espèce, mais ceci n'infirmerait pas notre thèse, et il n'en serait pas moins prouvé (tout au contraire), l'influence puissante de l'homme sur l'organisme animal. Les animaux domestiques sont donc des espèces que l'homme s'est créées en rapport avec ses besoins et les services qu'il espérait retirer de ses peines. Mais comme nous avons quarante espèces d'animaux domestiques, nous aurons en conséquence quarante expériences toutes aussi décisives les unes que les autres. Il reste à savoir si ces races descendent bien d'espèces actuellement sauvages, comme nous l'admettons pour nos chèvres et nos moutons. S'il est des espèces dont la domestication remonte si haut, que les temps historiques n'en font pas mention et qu'on ne peut affirmer à quel type primitif existant ou détruit actuellement elles appartiennent, il n'en est pas ainsi pour toutes ; et en supposant que vingt espèces soient dans cette condition que nous ignorions absolument leur origine, il y en aurait encore vingt autres qui ne nous offriraient pas le moindre doute quant à leur souche, et celles-là peuvent nous servir dans nos déterminations. En les étudiant, on se prononcera d'après l'expérience, il nous sera clairement démontré que les différences qui existent entre le type sauvage et les races domestiques issues de lui sont plus grandes que celles qui servent à distinguer en zoologie deux genres voisins de la même famille.

Si nous passons à la contre-épreuve de l'expérience précédente, si, autrement dit, nous suivons un animal domestique rendu à la liberté, nous aurons encore une suite d'expériences non moins importantes et non moins remarquables, non moins décisives que l'expérience directe elle-même. Que l'homme abandonne à elles-mêmes ces espèces qu'il a créées, elles rétrograderont vers le type dont elles sont issues et suivront pour reconquérir leurs caractères originaires une marche inverse de celle qu'elles ont prise pour s'en éloigner. Comme l'autre cette expérience est faite, et il n'est besoin que de la constater et de voir si elle justifie cette déduction donnée *à priori*. Or, le cheval, le chien, etc., ont été rendus à la liberté, et l'un et l'autre nous offrent une série de modifications qui tendent à les rapprocher de leur type originel. Dans l'Asie centrale, les steppes de la Tartarie et de l'Ukraine renferment, comme chacun le sait, des chevaux sauvages vivant en troupe nombreuse. Or, ces animaux nous présentent des caractères qui les rapprochent singulièrement de l'âne, et le cheval est loin de nous présenter ce type admirable de forme et de beauté que nous offrent les chevaux arabes. Mais ceci n'est pas absolument concluant, car on pourrait objecter que des chevaux domestiques viennent grossir le nombre de ceux qui vivent en liberté et que le type du cheval, en conséquence, n'est pas pur, que son sang est mêlé. En nous transportant en Amérique, il n'en est plus de même. Avant sa découverte par les Européens, le Nouveau-Monde ne renfermait ni chevaux, ni bœufs, ni cochons, ni ânes, ni chiens : ces espèces y ont été transportées, et beaucoup d'entre elles s'y sont tellement multipliées que, pour cette raison ou pour toute autre cause, elles sont redevenues libres. Or là, constamment, les espèces primitivement domestiques ont suivi une marche rétrograde et qui les rapproche sans cesse et par une série de nuances insensibles vers le type dont elles descendent.

Beaucoup d'objections ont été faites à cette idée si vraie de la variabilité des espèces ; nous ne pouvons les réfuter toutes, et nous nous contenterons de répondre aux deux principales, celles que l'on regarde comme les plus importantes.

La première de ces objections est basée sur l'infécondité des mulets. Ainsi qu'on le sait, le mulet est le produit de l'accouplement de deux espèces voisines, tandis que le métis résulte de l'union d'individus de deux variétés d'une même espèce. En général le premier est infécond, tandis que le métis se reproduit. Or, si le mulet est infécond, cela prouve que la nature a posé en quelque sorte une barrière infranchissable entre les espèces même les plus voisines ; elle n'a pas voulu que jamais deux espèces pussent se confondre en une seule ou donner lieu à une troisième. L'infécondité des mulets n'est pas aussi absolue qu'on pourrait le croire et que cette objection le ferait supposer ; on a vu souvent dans les pays chauds des mules reproduire, et on ne peut pas dire jusqu'à quelle génération peut se transmettre cette fécondité : des expériences manquent à ce sujet (1). Et encore, quand bien même les mulets seraient stériles, cela ne prouveraient rien dans la question, seulement il serait démontré que le croisement de deux espèces ne peut en produire une troisième. Cet accouplement brusque peut, en effet, n'avoir aucun résultat en ce qui concerne la création d'une espèce au moyen de deux autres ; mais pour nous, dans notre thèse, telle que nous l'avons posée, il ne s'agit pas d'une formation brusque d'une espèce, produite sur l'heure, mais bien d'une espèce résultant de l'action lente et continue de conditions nouvelles sur des individus descendant d'un type primitif qui ne variera pas s'il demeure dans les conditions auxquelles ses descendants sont soustraits.

La seconde objection, plus spécieuse au premier abord, fut faite à Lamark au commencement de ce siècle. Mais, pour peu

---

(1) Cependant Buffon en a tenté sur le loup et le chien, et il a pu les suivre jusqu'à la quatrième génération.

qu'on y réfléchisse, elle est plus apparente que réelle. Elle lui fut adressée à l'occasion des animaux trouvés dans les tombeaux égyptiens, à côté des momies humaines, et qui furent rapportés en France à la sortie de nos troupes de ces contrées. Si l'on compare ces êtres avec les espèces qui vivent encore dans ce pays, on voit qu'ils présentent la ressemblance que l'on remarque entre les divers individus de la même espèce ; par conséquent, les espèces de singes, d'ibis, etc., autrefois existantes, sont celles de l'Egypte d'aujourd'hui. On conclut dès lors que les espèces ne varient pas. On sait comment nous avons posé la question. Si donc les conditions climatériques et physiques de l'Egypte sont les mêmes que celle des temps anciens, pourquoi les espèces auraient-elles varié? et même il est impossible qu'elles se soient modifiées. Or, si l'on consulte Hérodote, Strabon, si l'on compare leurs récits sur l'Egypte avec les descriptions modernes du même pays, on verra que les conditions biologiques de cette contrée, le climat, la température, l'état atmosphérique, toute sa physique, est à peu de chose près ce qu'elle était autrefois. Dès lors, les ibis de nos jours doivent être semblables à ceux du temps des Pharaons, et mieux que cela, d'après ce que nous avons dit plus haut, s'il s'était rencontrée une espèce d'ibis domestique d'un autre pays, transportée en Egypte, elle aurait dû, devenue libre, reprendre les caractères que cet oiseau nous présente, revenir à son type primitif, puisque les conditions sont les mêmes et n'ont pas changé depuis les temps historiques les plus anciens. Telle était la réponse que Lamark, M. Etienne Geoffroy et les partisans de l'idée de la variabilité des êtres sous l'influence des circonstances extérieures faisaient à cette objection. En effet, la variabilité des espèces doit être admise sous condition de variabilité des circonstances ; si les circonstances sont les mêmes, les espèces doivent conserver leurs caractères, et c'est à ce point de vue seul que l'on doit envisager la question pour se rendre compte de la non-fixité ou de la fixité des caractères spécifiques et génériques que les animaux peuvent nous offrir.

Jusqu'ici nous n'avons soutenu notre thèse qu'en ce qui concerne la variabilité des espèces animales : les plantes sont encore dans le même cas , et toute l'horticulture, par exemple , est fondée sur ce principe, que les espèces végétales varient comme les animales , sous les mêmes conditions.

Mais avant que de passer aux deux autres points de doctrine qu'il nous reste à étudier, pour exposer ensuite les idées nouvelles de M. Isidore Geoffroy sur les classifications zoologiques, il ne nous reste plus qu'à nous résumer en deux mots. Les espèces animales sont variables sous l'action des circonstances extérieures ; les variations qu'elles présentent sont plus marquantes que les caractères zoologiques actuellement reçus pour distinguer deux espèces d'un même genre et les genres d'une même famille. Telles sont les limites que l'on peut constater par l'observation, l'expérience : aller au delà, c'est tomber dans l'arbitraire, non pas cependant que cette limite que nous reconnaissons soit celle même de la nature, mais parce qu'alors on sort du domaine rationnel des faits, et qu'il ne doit pas en être ainsi dans les sciences d'observation. De plus, comme nous l'avons déjà dit, deux animaux vivants ou fossiles, qui présenteront des différences que l'on est habitué à reconnaître pour caractériser deux espèces du même genre, devront être distingués spécifiquement, car les différences et les dissemblances ont une égale valeur en zoologie : celle-ci même n'est possible qu'à la condition qu'on les respectera et qu'on en tiendra compte au même degré.

Les principes qui ont guidé les zoologistes dans les diverses explications qu'ils ont données de la succession des êtres à la surface du globe, se rattachent aux idées précédentes, et dès lors, nous ne devons pas être surpris de retrouver ici encore ce double antagonisme que déjà nous avons eu à signaler si souvent dans le cours de ces analyses.

Quelles que soient les analogies qui se rencontrent entre le dauw et le zèbre , il est certain que leurs dissemblances sont telles, qu'il est nécessaire de les considérer comme deux espèces distinctes, bien que ces animaux puissent descendre d'un type primitif commun. En passant de cet exemple à celui que nous offrent les squelettes de deux animaux, l'un fossile, l'autre vivant, tels que nous le rencontrons dans les crocodiles, doit-on admettre que ces squelettes, présentant des différences minimes, appartiennent à deux types génériques distincts, ou que l'un n'est que la modification du premier? En reconnaissant que les espèces varient dans des limites très-restreintes, on ne pourra pas prouver la dualité originaire, bien que cela puisse être, pas plus l'assertion contraire, dans le cas qui nous occupe. Mais si l'on étend avec nous jusqu'aux caractères assignables aux genres les modifications d'organisation que les agents extérieurs peuvent imprimer aux types spécifiques, on lèvera en partie la difficulté, et la solution sera en notre faveur. Pour arriver à une réponse complète, nous devons nous arrêter un peu à ce point en litige.

La première demande que l'on se fait, lorsque l'on traite la question de la fixité ou de la variabilité des espèces, est de savoir s'il y a eu des circonstances modificatrices, de déterminer leur nature, et comment on peut expliquer leur action : là est toute la difficulté. M. Cuvier prétend que les animaux domestiques sont les seuls qui nous présentent ces modifications si remarquables que nous avons eu occasion de signaler, et qu'alors ils ne pouvaient entrer en ligne de compte, puisqu'ils étaient modifiés par le pouvoir souverain de l'homme. Dans ces cataclysmes nombreux qui, plus ou moins étendus, sont venus bouleverser l'écorce de notre globe, et lui donner à chaque révolution une face nouvelle, les animaux qui ont disparu par suite de ces bouleversements se trouvent dans le cas des espèces encore sauvages, ont échappé à l'influence de l'homme, puisque celui-ci n'existait pas. Ce raisonnement est plus spécieux que solide, car si l'homme n'agit sur les espèces animales que d'une manière indirecte, si son pouvoir n'est pas extra-naturel, il est clair que ce que nous produisons pourra se réaliser dans la nature. Quand l'homme s'empare d'une espèce sauvage, pour en rendre esclaves les individus qu'il a pu se procurer et domestiquer ensuite leurs produits, il change bien les conditions primitives dans lesquelles ces animaux vivaient, il en crée de nouvelles, il fait naître de nouveaux besoins, mais sans sortir du cercle des agents naturels. L'habitat de l'animal, son régime, ses habitudes, ses conditions de température, etc., ne sont plus identiquement les mêmes ; mais ici l'homme ne fait

que diriger vers le but qu'il se propose les circonstances naturelles différentes de celles auxquelles étaient soumis les animaux
dont il veut s'enrichir. Son influence ne se fait pas directement sentir sur la nature du type sauvage, et ce n'est qu'à
la longue que les nouvelles circonstances peuvent atteindre cette
nature et y introduire des modifications. Quand ces bouleversements que nous avons signalés ont eu lieu à la surface de notre
planète, il est évident que des conditions nouvelles physiques et
biologiques se sont produites. Qu'en est-il résulté? Précisément
ce qui est arrivé dans le cas précédent. Lorsque l'homme s'est
saisi d'une espèce, la nature de celle-ci a dû réagir contre les
conditions biologiques nouvelles auxquelles on l'assujettissait;
les individus alors ou sont morts ou se sont modifiés. La même
chose s'est produite en grand dans la nature à la suite de ces bouleversements : les races qui n'ont pu s'acclimater à l'action des
agents extérieurs si profondément modifiés se sont éteintes, les
autres, au contraire, ont pu trouver dans leur organisme la
force de réaction qui leur était nécessaire pour subir les modifications qui devaient leur permettre de s'harmoniser avec la nouvelle physique du globe. Cependant, et qu'on le remarque, nous
ne voulons pas dire que cela soit arrivé ainsi, nous constatons
seulement que d'un type défini il peut sortir des races ou mieux
des produits présentant des caractères différentiels entre des
types spécifiques et génériques, et que, si des causes viennent à
changer la physique du globe terrestre, il pourra s'établir une
nouvelle harmonie entre les agents récemment produits et l'organisation animale convenablement modifiée. Ceci, nous le savons,
est hypothétique, mais toutes les autres idées que l'on propose
pour expliquer la succession des êtres à la surface du globe sont
également des hypothèses beaucoup plus complexes, et, partant,
beaucoup plus difficiles à admettre que la nôtre. Pour en revenir
à notre exemple, si l'on n'admet pas que le crocodile vivant et
le fossile n'aient une même origine, il faudra de deux choses
l'une pour expliquer leur existence en un même lieu : ou admettre
l'idée des créations successives, ou bien adopter les principes de
Cuvier. Dans le premier cas, on supposera qu'une création ani-

male s'étant éteinte par une cause ou par une autre, la puissance créatrice s'est remise à l'œuvre pour former des types analogues à ceux qui viennent de disparaître, mais présentant avec eux des différences plus ou moins prononcées. Cette conception, spécieuse et d'une grande hardiesse, est inadmissible en fait et raisonnablement. Ne nous répugne-t-il pas, en effet, de faire intervenir ainsi la puissance de Dieu autant de fois que l'on rencontrera de débris d'êtres organisés de dates différentes? Cette idée, bien que Cuvier l'ait combattue pendant vingt ans, lui a été généralement attribuée. Pour l'illustre créateur de la paléontologie, tous les êtres ont été créés initialement : comment se fait-il alors que des espèces fossiles et des espèces vivantes, appartenant au même genre, se rencontrent dans le même lieu, l'une à la surface du sol, l'autre, à quelques mètres, dans son intérieur? Voici sa réponse : « Au reste, lorsque je soutiens que les bancs pierreux
« contiennent les os de plusieurs genres, et les couches meubles
« ceux de plusieurs espèces qui n'existent plus, *je ne prétends*
« *pas qu'il ait fallu une création nouvelle pour produire les espèces*
« *aujourd'hui existantes ;* je dis seulement *qu'elles n'existaient*
« *pas dans les lieux où on les voit à présent et qu'elles ont dû y ve-*
« *nir d'ailleurs.*

« Supposons, par exemple, qu'une grande irruption de la mer
« couvre d'un amas de sables ou d'autres débris le continent de
« la Nouvelle-Hollande : elle enfouira les cadavres des kangu-
« roos, des phascolomes, des dasyures, des péramèles, des pha-
« langers volants, des échidnés et des ornithorynques, et elle dé-
« truira entièrement les espèces de tous ces genres, puisque
« aucun d'eux n'existe maintenant en d'autres pays.

« Que cette même révolution mette à sec les petits détroits
« multipliés qui séparent la Nouvelle-Hollande du continent de
« l'Asie, elle ouvrira un chemin aux éléphants, aux rhinocéros,
« aux buffles, aux chevaux, aux chameaux, aux tigres et à tous
« les autres quadrupèdes asiatiques qui viendront peupler cette
« terre où ils auront été auparavant inconnus.

« Qu'ensuite un naturaliste, après avoir bien étudié toute
« cette nature vivante, s'avise de fouiller le sol sur lequel

« elle vit , il y trouvera des restes d'êtres tout différents.

« Ce que la Nouvelle-Hollande serait dans la supposition que
« nous venons de faire, l'Europe, la Sibérie, une grande partie
« de l'Amérique le sont effectivement ; et peut-être trouvera-t-on
« un jour, quand on examinera les autres contrées et la Nouvelle-
« Hollande elle-même , qu'elles ont toutes éprouvé des révolu-
« tions semblables, je dirais presque des *échanges mutuels* de
« productions ; car, poussons la supposition plus loin , après ce
« *transport* des animaux asiatiques dans la Nouvelle-Hollande,
« admettons une seconde révolution qui détruira l'Asie, leur pa-
« trie primitive : ceux qui les observeraient dans la Nouvelle-
« Hollande, leur seconde patrie, seraient tout aussi embarrassés
« de savoir d'où ils seraient venus , qu'on peut l'être maintenant
« pour trouver l'origine des nôtres. » (Cuvier, *Disc. sur les rév.
de la surf. du globe. 6e éd. Paris, p. 133.) Ainsi donc, selon Cuvier, il n'y a pas créations successives, mais *échanges mutuels* de
productions entre les différentes contrées, *transports* successifs
des espèces d'un lieu dans un autre.

Ailleurs, il repousse le premier système comme faux et impossible. Cependant , dans le Mémoire sur les orangs, en commun
avec M. Etienne Geoffroy-Saint-Hilaire, il avait dit : « Dans ce
« que nous appelons des *espèces*, ne faut-il voir que les *diverses
« dégénérations d'un même type ?* » L'on peut juger, par ce qui précède, de quelle manière ces deux hommes illustres ont résolu la
question. Sans vouloir donc, avec Lamark, que l'on ne peut assigner
de limites aux modifications des êtres sous l'influence des circonstances extérieures, ne peut-on pas dire cependant avec Pascal
que les animaux sont sortis comme *ambigus* des mains du créateur, et que, soumis aux lois générales du monde physique et vivant, ils ont acquis, les uns en plus , les autres en moins, ou de
diverses autres manières, les caractères que nous leur connaissons, chacun selon leur organisation et les circonstances où ils
se sont trouvés ?

Nous ne pouvons passer outre, sans faire intervenir ici le
grand nom de Buffon. L'illustre intendant du Jardin des Plantes
a été cité comme un des partisans de l'hypothèse de la fixité de

l'espèce. Lorsqu'il fut nommé à cette place, qui nous a probablement valu son immortelle histoire naturelle générale et particulière, Buffon n'était point naturaliste ; dès lors, au début de sa
nouvelle carrière, il devait nécessairement se diriger d'après les
idées généralement admises ; mais, au fur et à mesure qu'il avançait
dans ses études zoologiques, il dut penser par lui-même et écrire
d'après ses propres observations. Ceci nous explique les contradic-
tions apparentes dans lesquelles Buffon est tombé ; car réellement
il ne s'est jamais contredit : ce qu'il écrit dans ses premiers volu-
mes est l'expression des idées alors dominantes ; la seconde partie
de son œuvre seulement lui appartient tout entière. Il ne faut par
conséquent pas s'étonner de le voir se prononcer d'abord en faveur
de la fixité des espèces pour rejeter ensuite (*Hist. nat. de l'Ane,*
t. 4, de l'imp. royale) cette idée et adopter le contraire. C'est surtout l'article Mahmout qu'il faut lire, si l'on veut avoir la véritable
pensée de Buffon à ce sujet. « Cette espèce, dit-il, en parlant du
« mahmout, était certainement la première, la plus grande, la
« plus forte de tous les quadrupèdes : puisqu'elle a disparu, com-
« bien d'autres plus petites, plus faibles et moins remarquables ont
« dû périr aussi sans nous avoir laissé ni témoignages ni rensei-
« gnements sur leur existence passée ? Combien d'autres espèces
« s'étant *dénaturées,* c'est-à-dire *perfectionnées* ou *dégradées* par
« ces grandes vicissitudes de la terre et des eaux, par l'abandon ou
« la culture de la nature, par la longue influence d'un climat de-
« venu contraire ou favorable, ne sont plus les *mêmes* qu'elles
« étaient autrefois ? Et cependant les animaux quadrupèdes sont,
« après l'homme, les êtres dont la nature est la plus fixe et la
« forme la plus constante : celle des oiseaux et des poissons varie
« davantage ; celle des insectes, encore plus, et si l'on descend
« jusqu'aux plantes, que l'on ne doit point exclure de la nature
« vivante, on sera surpris de la promptitude avec laquelle les
« *espèces varient* et *de la facilité qu'elles ont à se dénaturer en pre-*
« *nant de nouvelles formes.*

« Il ne serait donc pas impossible que, même sans intervertir
« l'ordre de la nature, tous ces animaux du Nouveau Monde ne
« fussent dans le fond les mêmes que ceux de l'ancien, desquels

« ils auraient autrefois tiré leur origine ; on pourrait dire qu'en
« ayant été séparés dans la suite par des mers incommensu-
« rables ou des terres impraticables, ils auront avec le temps
« reçu toutes les impressions , subi tous les effets d'un cli-
« mat devenu nouveau lui-même , et qui aurait aussi changé
« de qualités par les causes mêmes qui ont produit la sépa-
« ration ; que, par conséquent, ils se seront avec le temps ra-
« petissés, dénaturés, etc. Mais cela ne doit pas nous empêcher
« de les regarder aujourd'hui comme des animaux d'espèces dif-
« férentes : de quelque cause que vienne cette différence, qu'elle
« ait été produite par *le temps, le climat et la terre,* ou *qu'elle soit*
« *de même date que la création,* elle n'en est pas moins *réelle* : la
« nature, je l'avoue, est dans un *mouvement de flux continuel;*
« mais c'est assez pour l'homme de la saisir dans l'instant de son
« siècle, et de jeter quelques regards en arrière et en avant,
« pour tâcher d'entrevoir ce que *jadis elle pouvait être* et ce que
« *dans la suite elle pourrait devenir.* »(*Hist. nat. gén. et part.,* t. 9,
p. 126, de l'imp. roy.) D'après ce passage remarquable, il est clair
que Buffon doit être rayé de la liste des partisans de la fixité de
l'espèce. Quoique longue, nous n'avons pas hésité à faire la ci-
tation tout entière , car elle est le meilleur et le plus éloquent
résumé de tout ce que nous avons dit plus haut : cependant
nous devons faire remarquer que l'objection de Cuvier, tirée
des animaux domestiques, parce qu'ils sont soumis au pouvoir
de l'homme, est détruite, puisque le *temps,* le *climat* et la *terre*
peuvent produire ces différences signalées par Buffon, et que
nous admettons dans les limites que nous avons posées.

A cette idée de la variabilité des espèces et des transformations
successives qu'elles ont subies depuis leur origine pour se perpé-
tuer jusqu'à nous, il a été fait diverses objections. Quelques-unes,
dirigées contre l'hypothèse de Lamark, et auxquelles nous avons répondu précédemment, ne doivent point nous arrêter ici, çar elles
n'atteignent pas la nôtre bien au-dessous de celle de l'illustre auteur de la philosophie zoologique, quant aux limites du moins que
nous lui assignons ; mais il en est une à laquelle nous devons nous
arrêter.

Si les animaux se sont transformés ; si le crocodile vivant descend d'une espèce fossile, on doit trouver des passages entre les formes actuelles des animaux et celles de ceux dont ils descendent. Il en est ainsi : dans certains cas, ces formes transitoires se rencontrent. En admettant même que ces formes transitoires n'existent plus ou ne soient pas connues, nous pourrions élever cette objection contre l'idée de M. Cuvier, et là, il faut bien le reconnaître, ces êtres intermédiaires sont encore plus nécessaires : puisque les animaux passent d'un lieu dans un autre, ils doivent s'échelonner et se jalonner, pour ainsi dire, sur la route. Du reste, dans un cas comme dans l'autre, quelle que soit la valeur réelle de l'objection, elle est actuellement sans force; l'avenir doit en décider. La paléontologie date d'hier, et quelles que soient les immenses découvertes de son fondateur comparativement à ce qui avait été fait par ses devanciers dans cette direction, il reste encore énormément à faire; elle commence seulement à se développer. La géodésie, d'une si grande importance ici, n'a pas tous les développements nécessaires pour nous fournir les éléments de solution : les trois quarts de la terre sont envahis par les eaux, et que de richesses n'y sont pas enfouies! qui sait ce que recèlent les glaces polaires! les sommets des montagnes inaccessibles! que de découvertes à faire encore! et combien est faible la somme de nos connaissances comparativement à ce que nous ignorons actuellement et ignorerons probablement à tout jamais! En outre, l'Asie, l'Afrique, l'Amérique, l'Australie, dans ce qu'elles ont d'accessibles à nos recherches, nous sont encore bien inconnues; la France même, tant explorée, nous cache encore bien des mystères, bien des faits que chaque jour on détermine, il est vrai. Ainsi donc, il ne faut pas rejeter une hypothèse par cela seulement qu'elle ne peut s'appuyer sur des preuves positives, directes, mais l'admettre, sous conditions, nous le voulons, et préférablement à toute autre, si elle est plus en harmonie avec les faits, en rend mieux raison, et si elle est, dans l'état présent de nos connaissances, le principe le plus certain entre tous ceux qu'on lui oppose.

Déjà, en parlant des harmonies et des analogies individuelles ou générales, nous avons eu à signaler la théorie des causes finales et à démontrer que si cette idée vraie, dans de certaines

limites très-restreintes et convenablement interprétées, a donné
lieu à des exagérations en rapport toujours avec les principes
qui ont guidé les auteurs, Philosophes, Littérateurs, Naturalistes, chacun dans l'ordre des faits et des conceptions auxquels ils
s'abandonnaient. Ce même système se représente encore à nous,
arrivés à ce point de l'exposition des principes et des lois d'après
lesquels tout homme doit se diriger s'il veut parvenir à la connaissance exacte, à l'appréciation réelle des phénomènes de la
nature vivante. Car, en somme, adopter ou rejeter l'idée des
causes finales, n'est autre chose qu'accepter ou renier la variabilité des espèces. Ce n'est donc pas, ainsi que certains auteurs
l'ont dit, un des services signalés que Cuvier ait rendu à la
science que d'y avoir réintégré ce principe. Les exagérations auxquelles son adoption a conduit les auteurs ne doivent pas surprendre. En voyant cette admirable loi d'harmonie individuelle se
réaliser dans chaque être du règne animal, ne pouvait-on pas se
laisser aller à croire, à vouloir, disons-le, que ce qui se remar-
quait dans l'individu se passait aussi en grand dans l'univers. Ainsi,
tous les organes d'un individu étant créés dans la plus parfaite
harmonie pour le rôle qu'ils jouent dans une existence, chaque
être était fait de même pour s'harmoniser dans le règne animal
avec tous ceux qui le composent, et l'animalité tout entière
n'était qu'un rouage de la grande machine, en harmonie avec
chacune de ses parties, avec le tout.

Evidemment, en supposant que les espèces sont fixes et invariables, créées telles et se perpétuant telles que nous le voyons, cette
hypothèse des causes finales aussi largement étendue souriait à
l'esprit et on pouvait espérer rendre compte des phénomènes de la
nature vivante et inorganique. Mais si, comme nous avons essayé
de le faire voir, et comme nous espérons y avoir réussi, les espèces
ne sont pas fixes, si elles varient même dans des bornes très-étroites, dès lors on devra renoncer, en partie du moins, aux explications des faits basées sur les causes finales. Dans notre manière de
voir, l'harmonie ne sera plus *préétablie* mais *postétablie*, car l'harmonie d'aujourd'hui n'était pas celle d'hier, ne sera pas celle de
demain. Au premier abord, du reste, la théorie des causes finales

ainsi que le système des créations successives se trouvaient également repoussés par la raison. Pour l'une comme pour l'autre de ces conceptions, il nous semble impossible, irrationnel et injurieux à la Toute-Puissance formatrice et conservatrice des êtres, d'admettre qu'elle intervient spécialement pour chacun d'eux dans le cercle de leur action autrement que par les forces générales et universelles établies en même temps que tout ce qui existe et relatives aux diverses parties qui composent ce tout.

Ainsi que nous l'avons déjà dit, on reconnaît que l'harmonie subsiste dans les corps célestes ; mais croira-t-on maintenant que chaque astre est guidé dans son orbe par la main de Dieu ? évidemment non ! En astronomie, on pense que les globes célestes sont régis par une force unique ; ni Phœbus ne préside au soleil, ni Phœbé à la lune, etc. Dans le monde organisé, il doit en être de même ; les quarante mille dieux que l'on supputait exister dans l'Olympe, ayant chacun leurs fonctions et leurs attributs, ne doivent pas reparaître sous une autre forme dans la science, et il n'est pas nécessaire de donner douze divinités à une seule plante, ainsi qu'on l'avait fait d'après la remarque de saint Augustin, pour que cette plante naisse, vive, se perpétue et meure, en accomplissant tous les actes que réclament ces diverses phases de son existence. Si, dans la mécanique céleste, la théorie de la causalité, entendue comme ses partisans le veulent, ne peut plus être accréditée ; si là tous les effets sont dus à une même cause, et si, par cela même, l'harmonie subsiste dans le monde planétaire, il doit en être de même dans les sciences naturelles. Tous les faits doivent se ramener à une cause, à un principe premier dont ils procèdent, dont ils ne sont que les conséquences logiques et fatales. Dès lors l'animal ne doit pas venir se soumettre à une harmonie préexistante, créée avant lui, mais arriver à cette même harmonie en se modifiant, d'après les lieux, les circonstances diverses qui réagissent sur lui. Ces rapports individuels de l'animal, que nous avons déjà mentionnés, qui s'établissent en vertu du principe de sa variabilité, nous aident à comprendre les harmonies plus générales et auxquelles notre esprit peut s'élever sans pourtant qu'il lui soit possible de les expliquer. Nos races domestiques nous fournissent de nombreux exemples de ce qui précède. Le cheval baskir se couvre d'un poil laineux comme celui de nos moutons ; celui de la Norwége, au contraire, se revêt pendant l'hiver d'un poil frisé, et les chevaux qui travaillent aux mines en Belgique l'ont analogue à celui de la taupe au bout d'un certain temps. Dira-t-on que l'harmonie postétablie dans les cas précédents ne le sera plus quand on examinera les pieds palmés du chien de Terre-Neuve ? Mais, s'il en est ainsi, ce chien est le descendant d'une espèce différente de celle dont sortent nos autres races canines domestiques, et je ne sache pas qu'aucun des partisans de la causalité, de la fixité des espèces, admette cette conséquence inévitable dans leurs principes. Les harmonies ne sont donc pas préétablies, originelles, mais acquises et postétablies, et il est d'une philosophie plus haute de soumettre tous les faits qui s'y rattachent à une cause unique, que de faire intervenir la puissance du Créateur dans l'explication de chacun d'eux.

En faveur de notre opinion, nous aurions pu citer cette si grande diversité que le type originel de l'espèce humaine nous présente. En admettant que les espèces soient fixes et non variables, que les harmonies soient préétablies et non acquises, il est impossible de penser raisonnablement et zoologiquement parlant, que toutes ces variétés remontent à une souche commune, à deux seuls individus créés isolés sur un point de notre globe. Dans notre hypothèse, c'est tout le contraire : si les espèces varient sous l'influence des circonstances extérieures, locales ou générales ; si de nouvelles conditions biologiques se réalisent d'autres s'éteignent ; si enfin les êtres s'harmonisent individuellement et avec l'ensemble de l'univers, au lieu de se trouver fatalement soumis à des rapports préétablis, n'est-il pas évident que cette question de l'unité de l'espèce humaine, si débattue, si controversée et jamais scientifiquement résolue, n'offrira plus de difficultés insurmontables comme dans les hypothèses précédentes, et qu'il sera possible d'arriver à démontrer que tous les hommes sont sortis du même père et de la même mère, du premier couple que Dieu forma dans sa sagesse dans un coin de notre sphère pour se répandre de là sur toute la surface, se dénaturant, se perfectionnant, se modifiant enfin selon le régime diététique, les temps, les lieux, les climats et toutes les autres causes diverses qui ont pu réagir sur les descendants de ce type unique primitif? Qu'il nous suffise donc d'opposer cette conclusion à ceux qui prétendent que le rejet des causes finales et de la fixité des espèces a son point de départ dans une philosophie irréligieuse et antithéologique.

V.

Dans nos analyses précédentes, nous avons eu souvent occasion de signaler le double antagonisme des deux voies suivies par MM. Cuvier et E. Geoffroy-Saint-Hilaire, nous avons même indiqué le point de départ opposé des méthodes et des principes de ces deux illustres naturalistes; il nous reste maintenant à préciser d'une manière plus nette et plus positive la différence réelle et fondamentale de ces deux manières de procéder dans la science, de rendre saillants, autant que nous le pourrons, tous les points en litige, les solutions qu'ils ont reçues et aussi comment s'est faite la première scission entre ces génies si bien faits pour se comprendre et si dignes, l'un de résumer en lui le passé de la science, l'autre de lui ouvrir une nouvelle voie, de lui agrandir son horizon et le champ de ses manifestations. Mais pour bien comprendre ce qui suit, pour qu'il ne reste rien d'obscur dans cette discussion où tout doit être si clair et si lucide qu'il ne puisse y avoir lieu à aucune équivoque, nous devons jeter un coup d'œil en arrière et mettre en regard chacune des notions de ces théories.

Ainsi que nous l'avons remarqué, ce qui a dû frapper, non-seulement les hommes d'un esprit observateur profond, mais le bon sens le plus vulgaire, est l'harmonie, la corrélation qui existe entre un être et ses diverses parties, entre les agents extérieurs et les êtres qui leur sont soumis, entre les lois que l'on soupçonnait les gouverner, que souvent on rapportait à des causes imaginaires, et les faits qui paraissaient en être la conséquence, qui quelquefois en étaient une déduction véritable, mais incertaine, hypothétique, ne présentant rien de scientifique. Ce penchant presque invincible de la raison à tout synthétiser, ou plutôt à poser un principe pour en tirer les conséquences, que ce principe soit faux ou vrai, se rapporte à toutes les déductions que l'on en tire ; cette manie de vouloir tout expliquer par une cause unique ou en nombre très-limité, quelle que soit la nature des effets observés ; cette tendance de l'esprit humain, bien qu'il connaisse la faiblesse de son intelligence, les bornes étroites de sa pénétration et les abîmes mystérieux qui l'enveloppent et l'étreignent de toutes parts, cette tendance, dis-je, qui le pousse à vouloir déterminer le pourquoi d'un phénomène, à le rattacher à quelque chose de fixe et d'absolu, aimant mieux recourir au merveilleux, à l'impossible que de s'avouer franchement son ignorance et son impuissance à pénétrer au fond des choses ; enfin, ce besoin d'interprétation de tout ce qu'il voit soit au dedans de lui, soit en dehors, n'a rien de surprenant à cette époque primitive de la société. L'étude de l'enfant qui naît à la vie de l'intelligence, celle des nations qui, sous nos yeux, suivent ce lent et pénible chemin de la perfectibilité sociale que tous, peuples et individus, doivent parcourir plus ou moins complétement, nous donne la clef de ce fait et nous permet d'en saisir la raison physique et matérielle pour ainsi dire. Chez l'enfant comme chez les nations dont nous parlons, qu'un phénomène se produise, non-seulement il voudra le pénétrer avec ses circonstances et tout ce qui s'y rattache, mais encore en dire le pourquoi, le motif, quelle en est la cause, le principe et la raison : le comment ne suffit pas. Au fur et à mesure que son intelligence se développe, que la lumière se fait dans son âme, que ses facultés s'étendent et s'exercent chacune dans les limites de la sphère qui leur est dévolue, un changement remarquable se fait en lui. Il y a là, de même que dans la suite des développements d'une société, division du travail. Il observe les faits, et remarque qu'ils n'ont pas tous une même origine ; que les uns lui sont personnels, les autres extérieurs ; qu'aux uns comme aux autres, il faut assigner des causes

diverses, ayant chacune leurs caractères propres. Mais en poursuivant toujours son analyse, en disséquant ainsi chaque phénomène, les circonstances qui l'accompagnent, s'il ne veut s'égarer
dans ce dédale d'effets en perdant de vue la cause qui les a produits, il doit réunir, comme en un faisceau, ses connaissances, les
rattacher aux principes d'où elles découlent, faire la synthèse
de son analyse. Par ce moyen, il remontera à son point de départ,
profondément modifié. Cette synthèse qu'il formulera aura autant de valeur que la première, celle dont il était parti, en avait
peu au point de vue scientifique. Autant celle-ci lui était générale,
absolue, invariable, autant la seconde lui paraîtra contingente
bien que réelle, corrélative d'une analyse plus profonde que celle
qu'il a pu faire et des progrès ultérieurs de ses connaissances. Car
en décomposant son sujet, en le creusant et en le fouillant, il l'a
vu gagner en profondeur, s'agrandir hors proportion, et il sait
que bien des détails, bien des circonstances ont pu lui échapper.
« Il y a quelque chose de vrai et quelque chose de faux, dit un
« philosophe célèbre, dans cette décomposition de la science pri-
« mitive en sciences particulières.... Assurément l'ensemble des
« choses qui existent ne forme pas un tout qu'on ne puisse dé-
« composer qu'arbitrairement et fictivement.... Tous les êtres
« ne sont pas de même nature, tous les phénomènes de même
« ordre, toutes les lois de ces phénomènes de même importance...
« La variété dans les choses n'empêche pas l'unité, ces deux
« choses coexistent, ou, pour mieux dire, s'engendrent mutuelle-
« ment. Or, cette unité, la division des sciences la brise dans la
« connaissance. Vous n'avez pas fait violence à la nature en fai-
« sant du règne végétal et du règne animal l'objet de deux
« sciences distinctes; car ces deux séries d'études sont réelle-
« ment différentes, mais elles vivent et concourent ensemble dans
« les choses par une loi supérieure, et cette dépendance, vous la
« brisez nécessairement, cette loi supérieure, vous la négligez
« inévitablement dans votre subdivision scientifique... Je sais
« bien que ces sciences aujourd'hui séparées et cultivées à part
« ne seront pas plus tôt faites qu'elles s'uniront et se perdront
« l'une dans l'autre ; je sais bien enfin que l'unité de la science,

« après s'être brisée en mille rameaux, renaîtra au jour de la
« réunion de ces rameaux. » (*Nouv. mélang. philos.*, par M. Th.
Jouffroy, p. 16 et *sq.*) Or, ce que nous disons-là, par l'organe si
éloquent de M. Jouffroy, des connaissances en général et plus
spécialement de la botanique et de la zoologie, se trouve vérifié
pour le cas qui nous occupe. Malheureusement le point de départ étant incomplet pour l'analyse, la synthèse n'a pu reconsti-
tuer cette unité qui se rencontre dans les choses.

Les harmonies qui régissent le monde ont été jusqu'à ces derniers temps la base unique, pour ainsi dire, des premières et le
point d'arrivée de nombreuses synthèses. Evidemment celles-ci
sont insuffisantes. Dans cette décomposition successive des faits
naturels, beaucoup n'ont suivi qu'une seule route, ne s'aperce-
vant pas que, à droite et à gauche, il partait des sentiers plus ou
moins larges, offrant quelquefois les mêmes proportions que la
principale, et, en revenant sur leurs pas, ils ont rejeté tout ce qui
leur arrivait par ces voies collatérales, parce qu'ils avaient vu un
grand nombre s'y égarer et s'y perdre, ou bien que leur système
ne pouvait s'accommoder du bagage de ces nouveaux venus. Ils
ne pensaient pas que, eux aussi, en allant toujours en avant, sans
se détourner, ni d'un côté ni de l'autre, sans faire attention aux
bruits du chemin, pouvaient sinon se perdre entièrement, du
moins se faire une fausse idée du pays qu'ils avaient parcouru,
s'illusionner complétement à son égard et se trouver aussi éloi-
gnés de la vérité qu'ils croyaient s'en être rapprochés. C'est ce
qui est arrivé en grande partie aux auteurs qui ont voulu tout
rattacher aux lois d'harmonie et au principe plus élevé de la
causalité, entendu de la manière générale que nous avons signalée précédemment. En effet, ces lois sont loin d'être d'une application aussi fixe et absolue qu'on pourrait le penser au premier
abord ; elles souffrent de nombreuses exceptions, et, entre toutes,
nous citerons un fait d'ornithologie.

La caille, on le sait, est un oiseau voyageur (1); il nous quitte

---

(1) Les cailles n'émigrent pas dans tous les pays, ainsi que Pallas l'a

en automne pour nous revenir aux premiers beaux jours. Mais dans ces émigrations, dans ces lointains voyages qu'il exécute, poussé comme par une force invincible, il nous paraît mal conseillé par son instinct et que les circonstances dans lesquelles il se voue à un exil momentané ne répondent ni à ses forces, ni à son organisation et moins encore à ses formes alourdies par les derniers moments de son séjour en nos climats. Beaucoup aussi, accablés de lassitude, vaincus par les temps contraires, succombent dans la route : l'Océan est leur tombeau. D'autres, plus heureux, arrivent sur la terre qui doit être léur nouvelle patrie, ou le lieu de repos pour la fin du voyage. Là le danger est aussi imminent : l'homme arrive, son arme est quelquefois un bâton. Il se place à l'endroit accoutumé où chaque saison ramène la troupe voyageuse, et lorsque l'armée s'abat aux bords de la mer, à la première grève, hôtellerie de passage, il se montre, il tue, il assomme tout ce qui se rencontre. Des pays même payent un impôt, ont reçu un nom à cause de cette véritable boucherie. Il est vrai que les ailes aiguës de la caille, organes puissants et nécessaires pour de semblables pérégrinations, que la marche solitaire et nocturne de l'oiseau, que le repos qu'il peut goûter sur les îles dispersées dans l'Océan, sont autant de circonstances favorables à ses lointaines émigrations. Ni les mœurs, ni les habitudes, ni l'instinct de ces animaux ne se trouvent en désaccord complet avec leur organisme et ce que veut la loi d'harmonie pour qu'elle ne disparaisse pas entièrement. Que si on les compare avec l'hirondelle ou le martinet, on verra quelle différence énorme sépare ces derniers des autres ; combien les formes sveltes, légères de ceux-ci concordent mieux avec ce même instinct voyageur. Autant l'harmonie paraît évidente et palpable ici, autant là elle semble faire défaut.

Cet exemple n'est pas le seul que nous puissions citer : les mammifères, les autres groupes d'oiseaux nous en fourniraient un

---

remarqué à Kraptewora. Quelques cailles hivernent aussi sur les côtes de Provence. (*Voyages en Sibérie*, etc. Berne, 2 vol. in 8º, 1791. T. II, p. 223.)

grand nombre d'aussi remarquables, d'aussi frappants et qui démontreraient que si, en général, les lois d'harmonie sont absolues, elles ne sont pas d'une application aussi fixe et invariable que leurs partisans semblent le reconnaître.

Nous sommes loin de dénier à ces lois leur importance, de nous refuser de croire à tous les avantages que la science a pu retirer de leur introduction dans les explications des faits d'histoire naturelle ; mais nous ne voulons pas leur donner une valeur telle, et pour la même raison, que par elles seules on prétende tout expliquer. En les acceptant, nous croyons devoir les restreindre dans les limites de l'observation, introduire dans la science d'autres principes qui nous rendent raison de certains faits qu'elles sont impuissantes à expliquer, étant complétement en dehors de leur application. Ainsi, pour nous, nous reconnaissons des lois d'harmonies générales et individuelles, mais aussi des analogies de même nature, les unes et les autres ayant une égale valeur, quoique à des titres divers. Il est bien vrai que notre esprit ne conçoit pas la nécessité immédiate de celles-ci comme de celles-là, mais philosophiquement parlant, elles ont ou du moins elles doivent avoir une même importance aux yeux de tout homme non prévenu, qui veut se rendre compte des faits, les rattacher à des principes, en un mot synthétiser ses connaissances.

De ce que nous ne voyons pas pourquoi la nature tend à se répéter dans les familles, les ordres, les classes, comme dans les diverses parties d'un individu ; pourquoi elle n'emploie toujours qu'un même nombre de matériaux, portant ici ou là son action, selon qu'elle veut obtenir ce résultat plutôt que tel autre ; pourquoi un organe étant atrophié son congénère se développe d'autant ; pourquoi des organismes de rudimentaires qu'ils sont dans un cas acquièrent ailleurs leur *maximum* de développement, les premiers n'étant qu'une dépendance insignifiante du système dont ils font partie, disparaissant même quelquefois entièrement, n'étant reconnaissables alors qu'à un certain âge de l'être qui les présente et dans leurs éléments seulement ; pourquoi les espèces inférieures ne sont que

les représentants fixes des états transitoires des animaux supérieurs, les monstres se trouvant dans un cas analogue, à tel point
que les faits tératologiques ne sont que la vérification et la confirmation de ces deux ordres de phénomènes ; parce que nous
ne comprenons pas le pourquoi de tous ces faits, ils n'en subsistent pas moins cependant, et comme ils échappent aux lois d'harmonies, il faut bien avoir recours à des principes différents :
formules générales qui seront à ces faits ce que sont les harmonies aux phénomènes qui en dérivent. C'est ainsi qu'en physique, bien que tout soit régi par la grande loi de l'attraction,
cependant on a dû y admettre d'autres forces sans lesquelles la
presque totalité des phénomènes qui la constituent seraient inex-
plicables. On ne peut pas objecter à ces lois les exagérations
auxquelles elles ont pu conduire : Esope n'a-t-il pas composé, le
meilleur et le pire de ses mets d'un même organe ; la langue.
Mais nous avons déjà répondu à cette objection, et dès lors il
nous semble qu'on doit les accepter et leurs conséquences, si
l'on veut introduire de nouvelles quantités connues dans l'équa-
tion du problème du monde, et marcher vers sa solution.

Si, comme nous venons de le faire voir, il existe des lois d'harmonie et des lois d'analogies, individuelles et générales, suivant
une marche parallèle, trouvant chacune leur application dans
deux ordres de faits, dans deux séries de phénomènes, en
est-il de même des autres principes généraux que nous avons
posés?

Nous avons essayé d'exposer ce que l'on entend par préexistence
et emboîtement des germes, par fixité des espèces et leur diffusion à la surface du globe, par théorie des causes finales, et, en
même temps, nous avons tenté de prouver, et nous croyons y
avoir réussi, que ces divers principes ne sont point admissibles,
qu'il faut, au contraire, reconnaître que l'épigénèse, la variabilité
des êtres, l'hypothèse sur leur répartition à la surface de la terre
par cette cause, l'admission des causes finales, mais avec de sages
restrictions et en les retournant, pour ainsi dire, quant aux explications qu'elles peuvent fournir, tous principes diamétralement
opposés à ceux de la précédente théorie, sont les seuls qui doivent

régner dans la science, parce que , seuls, ils peuvent satisfaire l'esprit et s'adapter à ce que l'observation et l'expérience de chaque jour nous dévoilent. Il est un principe sur lequel nous n'avons rien dit encore : nous voulons parler de la méthode et de la place qu'elle doit occuper dans cette suite d'idées générales. Les uns lui accordent une importance extrême, considèrent sa perfection comme l'idéal, le but dernier de la science : d'autres, au contraire, et nous sommes du nombre, ne lui donnent qu'une place secondaire, parce qu'il est d'autres principes supérieurs, et que fût-elle le but dernier auquel il nous fût donné d'atteindre, par sa nature même, il nous est démontré impossible d'y arriver jamais, ainsi que nous le verrons plus loin.

D'après ce que nous avons déjà dit de la préexistence des germes, principalement de leur emboîtement, il nous paraît de la dernière évidence que les êtres comme leurs organes se forment et ne préexistent pas ; qu'il y a création successive et non simplement évolution lente et graduelle de parties que le germe renfermerait en miniature. Il en est de même des lois de formation centripète et centrifuge que nous mentionnons en passant. Que l'on ne croie pas, et nous avons insisté sur ce point, que l'admission du principe de la préexistence ou de la loi de l'épigénèse soit d'une moindre importance : c'est là que gît le nœud de la question. L'un ou l'autre de ces principes pris, comme point de départ, est la base de deux théories diamétralement inverses, le point fondamental d'où naissent et sur lequel roulent toutes les divergences en histoire naturelle, tellement que l'un d'eux admis tous les autres suivent, ceux de la théorie contraire se trouvant ainsi déclarés faux. En effet, que l'on examine comment ils procèdent les uns des autres, comment ils s'enchaînent, et ce que nous avançons là se trouvera pleinement confirmé.

Le premier de tous que nous rencontrons sur notre route, et ce n'est pas le moins essentiel, est celui de la fixité ou de la variabilité des espèces sous l'influence des causes extérieures de quelque nature qu'elles soient. Nous savons ce que l'on entend par là ; que les espèces ne sont pas absolument fixes, telles que tous les individus qui les composent soient identiques entre eux, ni qu'elles varient hors de toutes limites connues ou assignables, mais que les variations que nous y rencontrons ont une valeur au moins égale et même supérieure aux caractères qui différencient non pas seulement deux espèces d'un même genre, mais encore deux genres d'une même famille. Nous avons donné les preuves à l'appui de cette dernière opinion et nous en avons constaté l'irrésistible vérité. Ce principe, il est vrai, a été exagéré ou mal compris, et pour cela beaucoup d'auteurs le rejettent. Cependant ramené à ses justes limites, aux faits que l'observation et l'expérience démontrent, il est impossible de se refuser à l'admettre puisque l'autre, celui de la fixité, n'est point la traduction exacte et fidèle des phénomènes que nous présente la nature. Quant aux auteurs, naturalistes ou philosophes, qui ont supposé, et supposent encore fort gratuitement pour plusieurs, que M. E. Geoffroy-Saint-Hilaire faisait sortir tout le règne animal d'un seul animal qui par ses métamorphoses successives en serait venu à reproduire l'animalité tout entière, telle que nous la voyons ; l'homme lui-même ayant été primitivement zoophyte, puis mollusque, poisson, mammifère ordinaire et enfin ce qu'il est, nous les renvoyons à l'étude de ses œuvres, certains que s'ils y mettent de la bonne foi, ils cesseront ces absurdes objections, rejetteront loin d'eux les craintes et les frayeurs puériles que leur suggèrent de semblables idées. Certes, la méthode de cet illustre chef d'école ne doit pas être confondue avec les principes du Telliamed, et on ne peut l'assimiler aux mêmes opinions, mais exagérées et si ridiculisées, de notre célèbre Lamarck. Ces objections sont surannées du reste, nous ne croyons pas devoir nous y arrêter plus longtemps. On y a répondu souvent déjà, et toujours on a fait voir qu'elles tombaient à faux et qu'elles ne s'attaquaient point à la théorie philosophique que nous exposons. Revenons à notre sujet.

Une fois le principe de la variabilité des êtres reçu et démontré, il nous sera facile de nous expliquer la diffusion des espèces à la surface du globe. Ici, trois hypothèses se trouvent en présence : celles de Cuvier et les deux autres qu'il a toujours combattues, bien que l'une d'elles lui ait été généralement attribuée. Nous avons cité un passage textuel où M. Cuvier explique comment il conçoit cette diffusion des espèces. Il admet *une translation successive* des espèces d'un lieu dans un autre, et non pas *une création nouvelle* à la suite des cataclysmes qui ont bouleversé les diverses parties de notre planète. Evidemment ces deux hypothèses ne sont qu'une conséquence, une application de l'immutabilité des êtres. Car pour que deux espèces, l'une fossile et l'autre vivante, se rencontrent dans une même localité, il faut que ces espèces aient été créées au même lieu, à deux époques distinctes, avant et après le bouleversement qui en a détruit une, ou bien que la première étant anéantie, celle qui lui succède vienne d'une autre contrée pour y vivre et peut-être y périr à son tour, comme les diverses couches du globe nous le démontrent.

Le système des créations animales successives et nouvelles nous paraît si peu en rapport avec l'idée que nous concevons de la puissance créatrice que l'on fait ainsi intervenir à chaque instant dans le remaniement de l'écorce terrestre, si peu en harmonie avec ce qui se passe sans cesse sous nos yeux, dont la cause entièrement physique ne nous est pas inconnue ou se dévoile assez pour que son caractère propre, son essence ne nous soit pas totalement ignorée, que cette hypothèse nous semble tout à fait inadmissible et incompréhensible, à moins que ce besoin d'explication par le merveilleux, le surnaturel, quand la véritable cause nous échappe, ne soit si inhérent à l'esprit humain, que nous soyons obligés de nous ranger à l'avis de certains auteurs espagnols. Ne pouvant découvrir la manière dont le nouveau monde s'était peuplé, et voulant cependant garder intact leur foi au récit de Moïse qui fait sortir l'humanité d'un seul couple, ces auteurs supposaient que des hommes de notre hémisphère avaient été transportés sur le sol des Amériques par le ministère des anges. C'était trancher hardiment la difficulté, non la résoudre, ni donner une raison plausible d'un fait fort surprenant, mais qui n'a rien de surnaturel. Quant à l'opinion de M. Cuvier, quoique plus physique et partant plus rationnelle, elle nous paraît encore trop éloignée de cette simplicité qui fait le caractère de la vérité. N'est-il pas plus

naturel, en effet, d'admettre qu'un boulversement arrivant, quelle
que fût sa nature, des espèces ont échappé à cette cause dé-
vastatrice ; que les unes ne pouvant se faire au nouveau climat,
ont succombé tandis que d'autres se sont acclimatées peu à peu,
se sont par suite modifiées sous ses nouvelles influences, ont re-
vêtu des caractères analogues à ceux que nous remarquons entre
deux espèces d'un même genre d'une même patrie ou de climats
divers, ou entre deux genres voisins. Rien de ce qui se passe
sous nos yeux ne nous autorise à accepter comme la plus probable l'opinion de Cuvier, tandis que bien des faits, d'une observation quotidienne, nous confirment dans l'hypothèse que nous
adoptons.

La nécessité et la fatalité sont les caractères essentiels, propres
des faits physiques et de leurs causes, tandis que la liberté, la vo-
lonté sont le fond des phénomènes moraux et de leur origine.
Pour expliquer les premiers, il faudra, en conséquence, avoir recours à une cause de même nature, une cause physique, et, pour
les seconds, ce sera dans une explication métaphysique, comme
l'on dit, qu'on en devra puiser la raison d'être. On ne peut donc,
philosophiquement, démontrer la non-ascension de l'eau dans un
tube au delà de 32 pieds, par ce motif purement métaphysique,
que la nature a horreur du vide. Ce phénomène physique n'est
qu'un effet d'une cause de même espèce, la pression atmosphérique. Mais, dès lors que cette distinction fondamentale et caractéristique est posée et reçue, comment reconnaître quelle est la
véritable opinion de la fixité ou de la variabilité des espèces ? de
leur répartition dans les localités où elles se rencontrent ? Recourir à la puissance créatrice pour expliquer l'existence d'espèces là où d'autres ont déjà péri, ou bien dire qu'elles y sont ve-
nues d'ailleurs, car elles ont été formées telles que nous les
voyons sans pouvoir varier ni se modifier, n'est-ce pas recourir
à l'horreur du vide, à la cause métaphysique par excellence, pour
un phénomène naturel, physique ? N'est-ce pas introduire ou
mieux conserver un abus là d'où on le veut bannir ? Car l'idée de
Cuvier, qui, comme la nôtre, est hypothétique et systématique,
se rapprochant moins de la vérité, à notre avis, se rattache à tous

ses principes : à la fixité des êtres, à la préexistence des germes et à la théorie de la causalité. Puisque le germe préexister l'espèce est fixe ; du moment où celle-ci est immuable, il faut qu'elle soit créée pour un rôle et non pour un autre ; qu'un climat soit fait pour elle et non pas elle pour le climat, c'est-à-dire que, de toute nécessité, l'harmonie est préétablie et non post-établie. Il est facile de se convaincre qu'ici encore l'erreur est manifeste ; que les harmonies ne préexistent pas, mais, qu'au contraire, l'être s'harmonise avec les conditions biologiques, physiques, de quelque nature qu'elles soient, dans lesquelles il se trouve. Dira-t-on, par exemple, que les conditions de viabilité sont les mêmes chez le nouveau-né que chez l'enfant, dans le fœtus que dans l'adulte, dans l'embryon ou l'œuf à peine fécondé que dans le vieillard ? Evidemment non ! Car, tel est l'organe, telle sera la fonction, puisque la fonction est l'effet de l'organe, et on ne peut pas dire que l'organe suit la fonction, parce que celle-ci en est la cause finale ; c'est évident pour ce cas-ci. Eh bien, ce fait, que l'homme nous présente dans les diverses phases de son existence, depuis son état d'œuf jusqu'au moment de sa mort, ces harmonies variant à chaque époque de ses deux vies, intrà-utérine et libre, ont un caractère analogue à ce qui se passe dans les espèces animales, et, pour elles comme pour nous, l'harmonie est post-établie et non préétablie.

Impossible, du reste, de démontrer l'unité de l'espèce humaine dans l'hypothèse que nous combattons, à moins que de tomber dans une contradiction palpable avec soi-même, et, si on veut être logique, on sera amené à reconnaître que l'espèce humaine n'a pas une origine commune, et que tous les hommes ne descendent pas d'un type unique, mais de deux ou d'un plus grand nombre, peu importe.

Ce que nous disons là de l'espèce humaine, quant à une souche unique, peut se répéter pour beaucoup d'espèces animales, avec autant et peut-être plus de raisons purement scientifiques, anthropologiques et zoologiques. Le nègre et le blanc auront-ils une même origine primitive, par cela qu'ils donnent des *métis* féconds et d'une fécondité continue ? Bien que cela ne

soit pas exact en tous points, admettons-le ; mais alors comment
déterminer, en partant de cette définition de l'espèce, si deux
animaux fossiles font une même race ou deux espèces distinctes ?
Que les os d'un boule-dogue, d'un king-charles, d'un lévrier, se
rencontrent dans une même couche d'un terrain, personne, assurément, ne fera une seule espèce de ces trois animaux ; pourtant,
le lévrier, le king-charles, le boule-dogue ont une origine commune, sont de la même espèce, car ils rentrent dans cette définition donnée précédemment. D'autre part, que la même chose se
présente pour le cheval, l'âne ou bien les diverses espèces de tigres, la solution sera l'inverse de la précédente. Ces animaux sont
tellement semblables, quant au système ostéologique, qu'il faut une
grande habitude pour distinguer à quel animal tel os appartient.
Fossiles, ces animaux ne seraient que des variétés d'un même
type, et si on en faisait des espèces distinctes, elles ne seraient
différenciées que par des caractères minutieux et qui seraient
loin d'avoir l'importance de ceux qui eussent servi dans le cas
précédent. Pourtant les naturalistes ne confondent point l'âne et
le cheval, les différentes espèces de tigre, comme le boule-dogue,
le king-charles, le lévrier, sous une même caractéristique spécifique. Par ces exemples, on est conduit à reconnaître plusieurs
types originairement distincts pour l'homme, ou bien, brisant
sa tradition pour ce cas particulier, à admettre la fixité de l'espèce, un type unique, et cependant à ne remonter à cette souche première que par une déviation illogique de ces principes : il n'y a pas d'alternatives possibles.

Il faut donc reconnaître que les êtres varient sous l'influence des circonstances extérieures, de la lumière, de la
chaleur, du climat, des habitudes, de la domestication, dans
des proportions spécifiques et même génériques. Car vouloir
aussi que l'homme soit *un*, que nous descendions d'une souche primitivement unique, en se fondant sur ce que, intellec-
tuellement, moralement, historiquement, il demeure démontré qu'il en est ainsi, c'est sortir de la question. Toutes ces
preuves, puisant à ces trois sources, sont d'une haute importance ; elles doivent corroborer celles que fournit l'observa-

tion directe des faits anthropologiques , et sont, en un mot, des éléments de solution, mais non la solution elle-même, celle que recherche l'histoire naturelle. Cette distinction est importante et peut expliquer bien des erreurs dans lesquelles on est tombé et que l'on persiste à défendre , par la confusion que l'on établit entre ces deux ordres d'idées et de démonstrations.

Dès lors que l'on adopte le principe de la variabilité des êtres, il faut bien s'avouer que ni la préexistence et l'emboîtement des germes, ni l'hypothèse des créations ou des translations successives des espèces pour expliquer leur dispersion à la surface de la terre, ni la théorie de la causalité admise dans l'extension que nous avons signalée, ainsi que l'explication que l'on en donne, ne pouvaient prévaloir contre les idées que nous venons d'exposer. Le caractère propre, fondamental, essentiel de la vérité, n'est-ce pas cette liaison intime qui existe entre toutes ces parties, qui les unit entre elles comme les anneaux d'une même chaîne, de façon que, en partant de l'un , on puisse remonter à tous les autres sans saut ni discontinuité, sans y reconnaître rien de disparate ou de choquant dans l'ordre et la disposition.

En voyant cette contradiction entre les idées de M. Cuvier et celles de M. E. Geoffroy-Saint-Hilaire, des auteurs ont pensé que peut-être elle était plutôt apparente que réelle, que dès lors en faisant un choix de principes dans l'un et l'autre système , les reliant entre eux par des idées intermédiaires, il serait possible d'en faire un tout unique, d'arriver à une seule doctrine par la fusion de ces deux théories ; en un mot, on a essayé de l'éclectisme. Mais cette philosophie a été là , comme ailleurs, impuissante à rien fonder. Ainsi que nous l'avons dit, la vérité n'existe qu'à la condition de la coordination de toutes ses parties ; c'est là son caractère propre, ce qui la constitue. Par l'éclectisme arrive-t-on à cet enchaînement nécessaire que nous signalons ? Non, évidemment ; élever le temple de la science, en procédant de cette manière, c'était une folle et téméraire entreprise. L'édifice devait crouler, reposant sur des bases de nature, non pas seulement diverses, mais diamétralement opposées, et n'offrant ni harmonie, ni proportion, ni rien de ce qui devait en assurer la beauté et la stabilité.

Cette tentative a donc échoué, et il ne pouvait en être autrement. Car si d'un côté Cuvier et son école partent de la préexistence des germes, pour aller à la fixité des espèces, à la causalité, conséquence nécessaire et logique, puisque la théorie des causes finales et l'immutabilité des êtres ne sont que les deux faces d'une même idée; d'autre part Geoffroy rejette le point de départ de Cuvier, et par suite tous ses principes. Du fait de l'épigénèse, il descend à la variabilité des êtres, restreint le principe de la finalité, en en donnant une explication opposée à celle de la théorie précédente, et en l'appliquant sur ce que les harmonies ne sont pas préétablies, mais post-établies. En effet, que le germe préexiste, alors l'espèce est fixe; qu'il se forme, au contraire, que les organes se créent au lieu de croître et de se développer par une évolution organogénique, l'espèce n'est plus immuable, elle doit varier. Mais ces variations ne seront pas limitées aux seuls individus qui les présenteront; de ceux-ci elles passeront à leurs descendants, et ce qui n'était d'abord qu'accidentel prendra un caractère de permanence et de fixité, jusqu'à ce que des causes nouvelles viennent à produire des changements inverses ou différents des précédents : dans le premier cas, les descendants modifiés d'un type remonteraient à ce type primitif, ou, dans le second, continueraient à s'en éloigner de plus en plus. Des faits nombreux confirment ce que nous avançons là, et les cas pathologiques aussi malheureux que fréquents, sont autant de preuves de notre opinion.

En outre, en admettant que l'espèce soit fixe, créée telle que nous la voyons, chacun de nos organes n'a qu'une existence relative, appropriée au rôle qu'ils doivent jouer dans l'économie. Si, au contraire, on rejette ce point de vue, le fond de l'organe est reconnu comme absolu; ses formes varient en vertu des lois d'harmonies. En considérant les organismes d'une manière abstraite, en se plaçant au point de vue philosophique, en ne tenant compte ni de leur forme, ni de leur structure, ni de leurs fonctions, mais de leurs éléments anatomi-

ques seulement, on arrive aux analogies et, delà, à l'unité de plan
et de composition organiques. En suivant la première marche, il n'y
a ni analogie, ni unité de plan ; les lois d'harmonies seules subsistent, et l'abstraction, le procédé philosophique, le raisonnement
se trouvent rejetés de la science. C'est à cette conséquence extrême à laquelle M. Cuvier est arrivé. Pour lui, l'étude des faits,
l'observation et l'expérience, les conséquences immédiates qui en
découlent, tel est le champ de la science. Il faut étudier un être
dans son milieu biologique, dans ses conditions d'existence, bien
saisir les différences ou ressemblances des organes, dans leur forme,
leur structure, leur fonction, s'en tenir à l'*indication des conséquences immédiates des faits observés* (expr. text. de M. Cuvier),
faire enfin de l'anatomie philosophique, au point de vue physiologique. Selon Geoffroy, le raisonnement marche de pair avec l'é-
tude directe des faits : on doit approfondir les êtres dans leurs
éléments, dans ce qui fait la base de leur organisation ; partir du
principe des connexions ; restituer aux organes rudimentaires,
négligés presque entièrement par l'autre méthode, la valeur
et l'importance qu'ils méritent ; admettre le principe du balancement des organismes, expliquer les faits par les harmonies et les
analogies, sans les laisser, pour toute synthèse, en un tableau sy-
noptique, ainsi qu'on y est conduit par le procédé de l'école opposée. De ces deux voies, si brillamment parcourues par MM. Cuvier et Geoffroy-Saint-Hilaire, celle de ce dernier nous paraît la
plus logique, la plus rationnelle, celle qui s'adapte le mieux aux
faits d'observation et d'expérience, la seule admissible. Dans l'une
comme dans l'autre de ces théories, tout se lie, tout s'enchaîne :
l'anatomie, la physiologie, la méthode ; mais celle-là part d'un
principe inadmissible, la préexistence des germes, ne reconnaît
que les harmonies, bannit le raisonnement de la science, et mu-
tilant ainsi nos facultés en ce qu'elles ont de plus remarquable
dans leurs procédés ; le raisonnement, la science en ce qui agrandit son horizon, fait partie de son domaine ; les analogies, il nous
paraît qu'elle ne satisfait ni aux conditions de perfection et de
progrès ultérieurs de nos connaissances, ni aux exigences de
notre esprit, qui veut observer et conclure, ni à l'essence de toute

méthode scientifique, et qu'elle ne peut, dès lors, être adoptée contre celle que nous exposons.

De tout ce qui précède, il résulte également que la méthode éclectique est non-seulement insuffisante, mais fausse et erronée : qu'on ne peut prendre à l'une et à l'autre de ces théories, dont chacune en elle-même forme un tout harmonique et logique, un certain nombre d'idées pour en faire un système intermédiaire, puisqu'il n'y aurait ni enchaînement philosophique de principes, ni déduction rationnelle de conséquences. Il faut ou en adopter une et repousser l'autre, ou les rejeter toutes deux et au même titre, leur fusion, leur rapprochement même étant impossibles.

Il est des auteurs qui ont, en effet, suivi cette dernière voie. Pour des raisons autres que les nôtres, ils ont refusé d'acquiescer à la doctrine de M. Cuvier ainsi qu'aux principes de M. Geoffroy. Nous ne pouvons pas exposer ici les motifs de cette double exclusion : nous nous contenterons d'une simple remarque. En prétendant que M. Geoffroy et son école se sont trompés dès les premiers pas qu'ils ont voulu faire dans cette direction de philosophie zoologique, nous regrettons que l'on n'ait pas présenté les faits qui détruisent ce système, discuté ceux qui n'ont pu y donner origine, ni fait la part des conséquences arbitraires et erronées, que des esprits systématiques ont pu faire suivre. Dire que là il y a erreur, sans critique scientifique et d'une saine raison, c'est procéder très-arbitrairement, tourner la difficulté sans la vaincre, et transporter aux faits de discussion cet impérieux dogmatisme qui toujours, à toutes les époques, a été d'un si funeste effet à la science. Heureusement que de notre temps il ne peut plus en être ainsi, et que toute idée nouvelle, erreur ou vérité, demande la preuve de son contraire, au même degré et pour les mêmes motifs qu'elle a besoin de confirmation.

Cette direction, diamétralement opposée entre les deux marches suivies par MM. Cuvier et Geoffroy-Saint-Hilaire, quoiqu'elle remonte très-haut et que son point de départ, presque inaperçu, date de leurs premiers travaux, ne fut pas apparente tout d'abord, et, pendant longtemps, elle fut comme latente et cachée.

Sans des circonstances particulières, dont le souvenir est encore présent à la mémoire de tous, cette opposition sourde ne se serait point sitôt dévoilée, et la guerre, bien qu'imminente et inévitable entre ces doctrines, n'aurait point éclaté, chaque camp se trouvant rangé sous les ordres de l'un ou l'autre de ces deux illustres et puissants lutteurs. Mais, ici, nous sentons notre faiblesse, et nous devons recourir à une analyse et à une appréciation plus sûres et plus élevées que les nôtres, pour bien faire connaître et préciser le point de scission et les causes de la rupture entre ces naturalistes, et qui de deux amis en fit deux adversaires.

Dans un ouvrage, publié récemment par M. I. Geoffroy-Saint-Hilaire sur la vie et les doctrines de son père, dont nous nous sommes servi très souvent dans le cours de ces analyses, l'auteur vient à parler des travaux de classification de E. Geoffroy, et surtout, *du Catalogue des Mammifères du Museum* (1803). Là déjà, M. Geoffroy cherche à modifier les résultats promulgués par Cuvier et par lui, dans leur célèbre Mémoire de 1795, et c'est là aussi le seul travail qu'il ait entrepris en vue de perfectionner la distribution méthodique du règne animal ou de l'ensemble d'une de ses classes.

« C'est que déjà naissait, dans l'esprit de Geoffroy-Saint-Hi-
« laire, cette conviction qu'il entre inévitablement de l'arbitraire
« dans la distribution et l'enchaînement des familles ; qu'une clas-
« sification n'est qu'une méthode utile, sans doute, mais néces-
« sairement imparfaite dans ses moyens et incomplète dans son
« but, et que la vraie science doit être cherchée plus loin et plus
« haut. C'est là, et elle date de 1803, la première divergence,
« longtemps inaperçue d'eux-mêmes, entre Cuvier et Geoffroy-
« Saint-Hilaire. Cuvier s'est toujours proposé comme but le per-
« fectionnement de la méthode, et il a toujours pensé que la mé-
« thode, si l'on parvenait à la rendre parfaite, serait la science
« elle-même. Geoffroy-Saint-Hilaire, au contraire, après avoir
« admis dix ans ces deux propositions, vint à en douter, puis à les
« nier. Delà, la direction inverse des travaux de l'un et de l'autre.
« Cuvier, pendant quarante ans, s'efforce d'améliorer la classifi-
« cation, de parvenir à cette méthode naturelle qui est, pour lui,

« l'*idéal de la science*. Geoffroy-Saint-Hilaire, tout en honorant
« ces travaux, s'abstient d'y prendre part, et, après avoir été fon-
« dateur avec **Cuvier**, il renonce, pour jamais, à partager avec lui
« la gloire de réformateur (I. Geof., *loc. cit.*). »

Ce que E. Geoffroy pressentait alors se confirme de plus en
plus pour lui, et, dans son cours d'histoire naturelle des mammifères (1828-1829), il se prononce contre la perfectibilité absolue
de la méthode. « Je suis de l'opinion, dit-il, que la méthode par-
« faite ne saurait exister ; c'est une sorte de pierre philosophale,
« dont la découverte est impossible. Pour mon compte, donnant
« a l'étude des rapports une attention toute spéciale, et porté, par
« cette même étude, à admettre qu'il est, pour l'histoire natu-
« relle, quelque chose de plus important que des classifications
« (*de plus exact, du moins, puisqu'il entre nécessairement de l'ar-*
« *bitraire* dans la distribution et l'enchaînement des familles), je
« m'en suis tenu à ma coopération dans l'essai de 1795, et je ne
« me suis plus occupé que de travaux monographiques. » « Ainsi,
« ajoute M. I. Geoffroy, ce qui l'éloigne des travaux de classifi-
« cation, ce n'est pas seulement la moindre importance des résul-
« tats auxquels ils peuvent conduire ; c'est aussi, c'est surtout le
« défaut d'*exactitude* dans ces résultats, l'impossibilité d'en bannir
« l'*arbitraire*. Nous retrouvons Geoffroy-Saint-Hilaire, lorsqu'il
« s'agit de classer, ce que nous l'avons vu lorsqu'il s'agissait de
« décrire, cherchant l'exactitude et la rigueur, sans lesquelles la
« science ne saurait exister. Mais, ici, à force de les chercher, il
« les trouvait ; là, elles n'existent pas, et on est réduit, au défaut
« d'une solution exacte, à se contenter d'une solution approxima-
« tive. » Pourquoi rejeter des sciences naturelles, la solution ap-
proximative, employée avec tant de succès dans les sciences mathématiques, les sciences de démonstrations exactes par excellence ? C'est que si le mot peut être le même dans les deux cas,
le résultat, l'idée qu'il exprime, est très-différent.

En mathématiques, vous pouvez déterminer et préciser l'erreur
que vous commettez, en négligeant une partie fractionnelle de votre
nombre ; vous pouvez approcher, tant que vous le jugerez convenable, de la solution exacte cherchée, et, dans certains cas, les plus

fréquents, la limite de votre quantité irrationnelle vous sera parfaitement connue. Il en est tout autrement en histoire naturelle et dans les sciences de faits et d'observation. Vous ignorez complétement l'erreur que vous commettez en prenant tels ou tels caractères ; quel que soit même le nombre de ceux que vous choisissez, vous ne savez pas la valeur de ceux que vous délaissez, de ceux qui vous échappent, et vous ne pouvez, par conséquent, calculer ni votre approximation, ni l'erreur qui en résulte. A la vérité, la limite à laquelle vous devez arriver est sous vos yeux, car cette limite est l'être même que vous étudiez ; mais cet être ne vous est connu qu'en partie : son organisation, ses mœurs, ses habitudes, ses instincts, ses rapports avec ses congénères du même genre, de la même famille, de l'ordre, de la classe, de l'embranchement auquel il appartient, ceux encore qui le rattachent aux autres groupes du règne animal, du végétal, à l'univers entier, ne vous sont pas non-seulement complétement dévoilés, mais beaucoup vous échappent entièrement et vous ne les soupçonnez même pas. Aussi voyons-nous tel animal, envisagé sous un point de vue ou sous un autre, faire partie d'un groupe non pas générique seulement, mais encore ordinal et même d'un degré supérieur. Ceci n'est point paradoxal. Longtemps les cétacés ont été classés parmi les poissons ; pour des auteurs, depuis que ces animaux ont été reconnus être des mammifères, dont la vie est entièrement, ou à peu près, aquatique, les siréniens sont ou des pachydermes, ou les premiers du groupe des cétacés. Des exemples analogues se rencontrent aussi, et en plus grand nombre, parmi les oiseaux, et nous pourrions citer tel animal de cette classe, qui a déjà parcouru, pour ainsi dire, la presque totalité des genres de la série ornithologique, sans qu'il soit possible de déterminer, dans l'état actuel de la science, la place précise qu'il doit y occuper. Delà, on peut conclure la différence fondamentale qui existe entre l'approximation mathématique et zoologique, et que s'il y a analogie, je dirai plus, identité dans les termes, elle existe à peine dans le sens, l'idée qui se rattache à l'expression. Il ne peut pas se faire également que les déterminations zoologiques soient les mêmes pour tous les auteurs, puisque chacun en est réduit à *son tact*, à son sentiment propre et individuel, en un mot à l'arbitraire le plus indépendant. Telle est, dans la plupart des cas, la triste nécessité à laquelle est réduit le naturaliste classificateur ; Cuvier l'accepta, Geoffroy-Saint-Hilaire ne put s'y soumettre ; et, en agissant ainsi inversement, l'un et l'autre se montra conséquent avec lui-même.

« Cuvier, dit M. I. Geoffroy-Saint-Hilaire, voit, dans la clas-
« sification, l'*idéal* même *auquel l'histoire naturelle* doit tendre, et,
« dans cet idéal, si l'on parvenait à le réaliser, l'*expression exacte*
« *et complète* de la nature entière, par conséquent, en un mot,
« *toute la science*, voilà la doctrine de Cuvier, telle que lui-même
« la formule. Comment n'aurait-il pas placé au premier rang les
« travaux dirigés vers le perfectionnement de la classification ? Et
« pouvait-il renoncer à ceux-ci, sans renoncer à perfectionner la
« science elle-même ? »

« Pour Geoffroy-Saint-Hilaire, au contraire, la classification
« n'est pas toute la science ; elle n'en est même ni la partie la plus
« importante, ni la plus élevée. Dès lors, il lui est permis, tout
« en appréciant, tout en honorant des travaux faits dans une di-
« rection si incontestablement utile, de ne point s'y engager lui-
« même, et de chercher à satisfaire ailleurs ce double besoin de
« son esprit : la rigueur scientifique et la généralité des résul-
« tats. » « Telle est la première divergence entre ces deux amis
« naguère si intimement unis ; et l'année 1803, où Geoffroy-Saint-
« Hilaire cessa de penser sur les classifications ce qu'en pensait
« Linnée et ce qu'en a toujours pensé Cuvier, nous offre le véri-
« table point de départ de tous leurs dissentiments et le prélude
« inaperçu des débats de 1830. »

Ainsi donc, c'est à la diversité de sentiments sur les classifica-
tions, c'est à l'année 1803 qu'il faut remonter, pour découvrir le principe de cette scission profonde qui, longtemps voilée, devait, plus tard, se produire au grand jour et fixer définitivement les différences fondamentales que nous avons signalées entre les écoles de Cuvier et de Geoffroy. En apparence, ces auteurs marchent l'un et l'autre dans la même voie, la même union ; mais, emportés fatalement par le courant de leurs idées, ils se séparent de plus en plus, creusant, chacun de leur côté, un sillon qui va sans cesse en di-

vergeant. Ils ne s'aperçoivent pas que, logiques dans leurs procédés, fidèles à leurs principes, ils suivent deux routes opposées, convergeant pourtant vers un même but : la perfectibilité dernière de la science. Cuvier croit à la perfection absolue de la méthode ; c'est là pour lui l'idéal de la science, et, pendant quarante ans, tous ses efforts tendent à le réaliser : Geoffroy admet, durant dix ans, ces deux principes, puis il en doute et, enfin, il les nie. Pour lui, la science parfaite repose plus haut que dans la plus ou moins grande perfectibilité de la méthode et de la classification. Ces dernières ne sont que sur la seconde ligne pour les progrès ultérieurs de nos connaissances en histoire naturelle ; car il est des principes et des lois d'un ordre plus élevé en philosophie naturelle, la méthode elle-même n'en étant qu'une dépendance, un accessoire très-restreint.

Cette conclusion à laquelle nous arrivons, et d'une importance si grande, n'est pas la dernière ni la plus générale. La zoologie, la tératologie, ainsi que nous avons eu déjà l'occasion de le remarquer, s'unissent par les liens les plus intimes entre elles et avec l'anatomie comparée et l'embryogénie. Dans notre manière d'envisager ces diverses sciences, la dernière n'est que l'anatomie comparée appliquée à un même individu, la tératologie et la zoologie étant entre elles dans un rapport analogue. Dès lors, nous n'avons, à proprement parler, que trois séries de faits, trois sciences complémentaires les unes des autres et une solution commune, commencée tantôt par celle-ci, tantôt par celle-là de ces sciences, et complétée par ses collatérales. Alors nous remontons à cette synthèse générale et primitive de toutes nos connaissances, il n'y a plus qu'une science, et cette belle pensée de Liebnitz, *l'unité dans la variété*, trouve son application non-seulement dans le domaine des faits anatomiques, physiologiques, zoologiques, tératologiques et embryologiques, mais encore dans la théorie qui les explique et qui en est la véritable expression. Car, « non-seule-
« ment la doctrine zoologique et la doctrine anatomique de Geof-
« froy-Saint-Hilaire peuvent être philosophiquement considérées,
« dit M. I. Geoffroy, comme les deux moitiés d'une même théo-
« rie, mais l'une quelconque des notices fondamentales qui la

« constituent peut devenir un centre auquel toutes les autres se
« rattachent par des liens nécessaires : *chacune d'elles engendre*
« *logiquement toute la théorie.* »

Maintenant que nous connaissons l'importance et la valeur de
la méthode en zoologie, le rang qu'elle doit occuper dans cet
ensemble de principes que nous venons d'exposer, voyons ce
qu'elle est non pas tant dans sa nature même que dans les procédés qu'elle emploie pour arriver à son but, l'usage qu'elle en fait,
les résultats auxquels elle parvient, en un mot, ce que c'est que
la classification proprement dite.

VI.

Il existe deux sortes de méthodes en histoire naturelle, ou, à
parler plus exactement, deux sortes de classifications ou de distributions méthodiques des êtres. Les unes sont artificielles, les
autres naturelles : signalons en passant les premières et les différences qui les séparent des secondes, pour exposer ensuite les
caractères, les procédés de ces dernières.

« Savoir distinguer les animaux les uns des autres, a dit
« M. Isidore Geoffroy-Saint-Hilaire (art. zool., *Encyclop. du*
« *XIXe siècle*, p. 144, 2e col.), tel est nécessairement le premier
« problème à résoudre pour qui veut pénétrer un peu profondé-
« ment dans l'étude de l'une quelconque des branches de la
« zoologie. » Et nous ajouterons : non pas seulement pour celui
qui veut se livrer et consacrer tout son temps, son intelligence,
à l'étude des êtres, mais encore pour celui-là même qui ne désire en avoir que la connaissance la plus superficielle et la plus
vulgaire. Supposez un animal bien décrit dans ses mœurs, ses
habitudes, ses instincts, mais ignorez son organisation intime,
ses rapports avec ses congénères les plus voisins ; ne connaissez
ni son nom, ni sa patrie ; manquez d'indications précises et des
plus ordinaires pour notre époque, et ce premier travail si im-

portant, si remarquable, si intéressant sous tant de rapports, est comme nul et non avenu pour la science. Car vous savez que l'animal que vous étudiez appartient à un genre, je suppose ; mais ce genre renferme bien des espèces, et entre toutes ces espèces, qui se ressemblent à tant d'égards, vous ne savez laquelle prendre, à laquelle rapporter la caractéristique que vous avez sous les yeux. Pour se convaincre de la difficulté que nous signalons, que l'on se reporte à la renaissance des lettres, à l'époque des restaurateurs des sciences naturelles : des Bélon, des Rondelet, avant tous des Gessner. Tous ces hommes profondément érudits, versés dans les connaissances de l'antiquité, ne pouvaient cependant retirer de leurs studieuses veilles tout le parti qu'ils avaient droit d'en espérer. Les anciens auteurs, Pline et Aristote principalement, ce dernier surtout, étaient pour eux une source intarissable de découvertes, de travaux, d'études ; cependant aucun de ces pères de la science ne pouvait fournir à leurs héritiers cette sévère garantie d'exactitude que demande et qu'impose la science moderne. Les anciens, nos maîtres dans le genre descriptif, donnent les détails les plus curieux et les plus saisissants, souvent les plus vrais, sur les mœurs, les instincts des animaux qu'ils ont eu occasion d'observer ; mais, faute d'une indication que les auteurs de nos jours n'oublient jamais, celle du nom et de la patrie de l'animal, on reste dans le doute, et c'est à peine si nous sommes certains des quelques espèces qu'ils ont décrites. Déjà pour nous, préciser et fixer les animaux qu'ils nous ont dépeints, est une tâche laborieuse et pénible, n'offrant pas toute la certitude dont a besoin une semblable détermination, qu'était-ce au temps de la renaissance lorsque, outre l'ambiguïté des termes, l'obscurité des textes, on connaissait à peine les êtres dont on voulait faire l'histoire complète. Nous ne voulons pas dire, c'est évident, que ni Aristote, ni Pline, ni aucun des naturalistes anciens aient méconnu tout besoin de méthode, dédaigné son importance et rejeté son emploi. Ils ne pouvaient certes pas échapper à cette nécessité de l'esprit humain ; mais ils pouvaient croire et le devaient, jusqu'à un certain point, que les animaux dont ils parlaient, si peu nombreux, connus de leurs contemporains, des savants comme du vulgaire, ne retomberaient jamais dans le chaos, qu'on nous permettent le mot, d'où ils les avaient sortis. Pouvaient-ils penser, ces hommes du siècle de Périclès et d'Alexandre, ces génies des temps d'Auguste et de Tibère, apogée de la puissance et de l'étendue de l'empire romain, qu'un jour, cette Grèce si cultivée, cette Rome si orgueilleuse et si puissante, tomberaient ensevelies dans ce sombre linceuil d'ignorance que leur apportaient pour leurs funérailles, de tous les points de l'horizon, ces hordes de barbares si profondément dédaigneux de ce qui faisait l'immortalité et la gloire de leurs vaincus! Pouvaient-ils penser que leur patrie, livrée palpitante aux mains de farouches vainqueurs, irait s'abrutissant sans cesse sous ce terrible joug de fer, et que tous les trésors qu'ils avaient si péniblement amassés pour les âges à venir seraient, quelques siècles plus tard, jetés aux flammes par ceux-là qui devaient ensuite réédifier ce qu'ils avaient détruit, et se créer par là un titre plus méritoire aux yeux de la postérité! Cela ne pouvait entrer dans les calculs de la sagesse humaine. Ce qui encore compliqua l'étude de la zoologie, à l'époque dont nous parlons, fut la difficulté que les premiers observateurs éprouvèrent en se guidant sur les anciens, et en suivant leurs ouvrages, non pas seulement d'après le texte pur, mais encore d'après les commentaires et prétendus éclaircissements du moyen âge. L'antiquité, qui avait tout personnifié, ses vices et ses vertus, sa morale et sa religion, ses dogmes et ses croyances ; qui ne pouvait se représenter une idée abstraite à moins qu'elle ne fût traduite par une image matérielle, sensible, palpable aux sens, et qui parlât à l'imagination, avait voué sa foi et son culte aux êtres les plus fabuleux comme les plus fantasques, avait cru vrais les contes de bonnes femmes avec une conviction, une sincérité qui nous étonne. Le moyen âge, dominé par sa crédule ignorance, son adhésion plus instinctive que réfléchie et rationnelle, à tout ce que lui avaient légué les siècles antérieurs, enchérit encore sur ce que les anciens avaient dit : le monde, privé par la chute du paganisme de ses faunes, de ses sylvains, de ses dieux et déesses de toutes sortes, les vit renaître métamorphosés en sylphes, en gnomes, en fées. Il serait curieux de comparer, sous ce rapport, l'antiquité et le moyen âge ; de suivre, à travers les temps et jusqu'à notre époque, les croyances antiques ; de faire connaître les modifications qu'elles ont subies, et comment ce bagage de fables et contes païens s'est trouvé changé, travesti par les préjugés, les croyances, les notions et les idées religieuses des peuples qui se sont succédé et sont venus s'implanter là où dominait le Peuple-Roi. Ce n'est point notre tâche, et il ne peut entrer dans notre sujet d'indiquer la marche à suivre, de poser même les jalons qui pourraient guider ceux qui voudraient s'engager dans cette voie, riche de découvertes et d'intéressantes recherches : qu'il nous suffise de l'indiquer.

Si donc les travaux de Rome et d'Athènes sont pour nous de précieux monuments, nous ne pouvons cependant retirer de ces archives du passé tout le bénéfice que nous devons en attendre. Peu à peu, à mesure que les observations zoologiques seront plus étendues et plus précises, les connaissances des textes plus approfondies, les explorations des continents asiatiques et africains plus complètes et dirigées vers le but que nous signalons, il nous sera donné alors de vérifier l'antiquité, d'estimer à leur juste valeur les observations ainsi que les données zoologiques qui nous sont parvenues malgré tant de bouleversements. Cette critique raisonnée des temps antiques nous facilitera de même l'estimation des compilations du moyen âge, nous les rendra plus précieuses comme aussi celles de la renaissance ; elle nous permettra surtout de juger plus sciemment, de porter à leur juste prix, les travaux de ces savants et patients restaurateurs des sciences naturelles, de leur rendre enfin une pleine et entière justice.

Nous avons cru devoir donner quelque étendue à notre pensée sur ce sujet, parce que, préoccupé des œuvres littéraires de l'antiquité, on l'a, comme il arrive presque toujours en pareil cas, ou trop exaltée ou trop dénigrée dans les temps modernes, lorsqu'on a voulu l'apprécier sous le rapport scientifique. Elle a beaucoup fait comme observation ; au point de vue philosophique, son mérite est incontestable ; mais quand on en vient à la méthode ou à la classification, qui n'en est que la partie matérielle et visible, pour ainsi dire, il faut bien le reconnaître, ce qu'elle

nous a laissé est nul ou à peu près, car cette ébauche de classification des animaux par Aristote, basée sur ce que les uns ont
du sang et les autres pas, n'a et ne peut avoir de valeur qu'au
point de vue historique. A tous autres égards, elle est nulle ; elle
ne peut qu'être, pour ainsi dire, un nouveau témoignage du puissant génie de cet homme dont l'œil d'aigle embrassa tous les horizons de la science ! Le champ de la science, plus ou moins
obscurément délimité par l'antiquité, lui était connu ; mais, faute
de la méthode, cette puissante charrue au sol des idées, le peu
de bon grain qu'elle y a jeté est resté enfoui : c'est à nous qu'il
appartient de remuer et de féconder cette terre, de semer, à la
place convenable, ce grain impérissable de la vérité, afin qu'il
donne le fruit qu'il doit porter.

L'antiquité, du reste, ne pouvait en agir autrement. Pour classer les faits, procéder méthodiquement dans cette partie essen-
tielle et fondamentale de la science, il fallait les connaître, les
vérifier ainsi que les observations sur lesquelles ils reposaient,
après les avoir consignés dans une espèce de cadre alphabétique
ou de toute autre nature. Il était malheureusement impossible, à
cette époque, de mener de front ces deux séries si opposées
d'études : observation ou expérience, systématisation des phénomènes d'après les lois et les principes généraux puisés à ces deux
sources. Nous seuls et nos descendants pouvons nous promettre
de couronner l'édifice scientifique, après en avoir toutefois rema-
nié les matériaux, déterminé les nouvelles bases, les éléments et
les proportions. Voyons comment a été résolu ce problème dans
les sciences naturelles ; si les efforts tentés dans cette direction
ont amené à un bon résultat, et quel est ce résultat.

Les premières classifications essayées ont été des classifications
alphabétiques, puis artificielles : les unes et les autres différaient
peu entre elles. Ceux qui d'abord se livrèrent à ces travaux,
d'une exécution si difficile, furent épouvantés de la masse des
faits et des idées que leurs devanciers leur avaient légués, du
chaos et du pêle-mêle confus dans lesquels ces connaissances
leur parvenaient : dédale sans issue, produit de la division du travail, ce puissant moyen de connaître que l'homme possède. Ce

que nous disons là se trouve pleinement confirmé par le spectacle
du dix-huitième siècle, où les encyclopédies, les dictionnaires se
multiplient à l'infini. Pour s'orienter donc dans un semblable
pays, on dut disposer d'abord toutes les connaissances humaines
par ordre alphabétique, ainsi que nous venons de le dire. Laissant sous le même nom les idées les plus disparates, accolant ensemble les choses les plus diamétralement opposées, tandis qu'il
séparait et rejetait bien loin les uns des autres les objets très-
voisins par leurs affinités, qu'un rien, un mot désunissaient, ce
catalogue ne pouvait et ne devait pas longtemps satisfaire l'esprit, et à ce dictionnaire scientifique, on dut tenter de substituer un procédé moins facile à saisir dans ses diverses parties,
mais s'adaptant mieux par contre à la nature des choses. On prit
en conséquence et arbitrairement un caractère commun à plusieurs êtres, que ce caractère fût important ou non, dominateur
entre tous ou d'une importance secondaire, et ce caractère fut le
centre autour duquel on rangea toutes les substances qui le présentaient : minérales, végétales ou animales. C'est ainsi qu'en
agirent Césalpin (1519), Ray (1628-1713), Tournefort (1717),
Linnée (1707-78), Adanson (1763) pour la botanique ; et, en zoologie, Gessner (1516-64) pour les mammifères, le voyageur Bélon
et Rondelet (1554) pour les oiseaux. Comme la précédente, cette
systématisation avait l'inconvénient de réunir en un seul groupe
les choses les plus dissemblables, et de disperser dans plusieurs
celles dont es ressemblances ne peuvent passer inaperçues. Mais
elle avait cet immense avantage de dénoncer dans les deux règnes
de la nature vivante des coupes générales, de genres, d'ordres,
et permettait d'arriver à une caractéristique des végétaux et des
animaux déjà plus appréciable pour la science. Son plus grand
défaut, envisagé à ce point de vue, était de nombrer les parties
distinctives des êtres et de n'avoir pu employer le célèbre principe de la subordination des caractères. On dut dès lors renoncer à son emploi et recourir à la méthode naturelle proprement
dite.

La première science à laquelle la méthode naturelle fut appliquée, en son entier, c'est la botanique. Bernard et Antoine-Lau-

rent de Jussieu (1699-1836) en furent les fondateurs, et Ray, Willugby, Linnée, eurent cette même gloire, quant à la zoologie envisagée partiellement ou dans son ensemble. Avant d'aller plus loin, nous devons dire deux mots de la *Méthode analytique*, ou mieux *Dichotomique* et de Lamarck (1744-1829) qui l'appliqua si heureusement et si audacieusement à la phytologie.

Critiquant un jour les systèmes de botanique alors adoptés, il fut mis au défi, par ses condisciples, de faire mieux. Ce fut pour répondre à ce cartel d'un nouveau genre, qu'il composa en six mois sa *Flore française*. Elle obtint un immense succès. Si l'on range tous les végétaux sous deux caractères contradictoires, pris arbitrairement, la plante dont on voudra connaître le nom, appartiendra à l'un ou à l'autre de ces groupes. Celui auquel on la rapportera se subdivisera lui-même, comme le précédent, en deux autres, soit que l'on conserve le caractère déjà employé, soit que l'on ait recours à tout autre. Par cette suite de dédoublements successifs, au moyen de cette série d'exclusions, on arrive à n'avoir plus à choisir qu'entre deux caractères, et alors on en vient à la détermination, à l'unité cherchées. Cette méthode constituait un des progrès de la science, puisqu'elle conduisait plus facilement que toutes les autres au nom de la plante, nous n'exceptons pas même celle de Linnée. Elle était aussi plus franchement artificielle que tous les systèmes antérieurs, car peu lui importaient les organes contradictoires qu'elle prenait, les abandonnant, y revenant, suivant les avantages que ces parties lui offraient pour arriver à son but. Ce système utile aux commençants, à ceux qui se livrent aux herborisations, sans avoir préalablement fait des études phytologiques approfondies, et qui connaissent encore peu les familles végétales, les menant comme par la main à déterminer le nom d'une plante, ce qui serait peu s'ils ne pouvaient l'étudier ensuite, présente plusieurs inconvénients. Il faut l'appliquer à une flore particulière, comme l'a fait Lamarck pour celle des environs de Paris ; de plus, il ne donne que le nom du végétal, ce qui est bien peu ; mais son insuffisance est visible si l'on pense que bien des plantes ont leurs organes avortés ou dédoublés, métamorphosés ou soudés entre eux. Dès lors la méthode dichotomique peut induire en erreur, ou présenter tout au moins de grandes difficultés dans son application. Dans sa *Flore française*, Lamarck a réalisé sur un plus vaste plan, la méthode que M. Dubois avait employée dans un cas plus restreint. Quelques essais de zooclassie ont été tentés dans cette direction.

Ainsi, pour conclure, la classification ou la distribution méthodique des êtres fut nulle chez les anciens ; alphabétique au moyen âge ; artificielle sur la fin et pendant la renaissance ; puis naturelle et cela depuis un siècle seulement.

Ces préliminaires historiques donnés, il ne nous reste plus qu'à dire un mot de cette dernière classification et des divers procédés employés par les auteurs pour arriver à la systématisation des idées et des faits résultant de l'étude des êtres. Mais, avant tout, quels sont les caractères nécessaires et fondamentaux d'un semblable système pour qu'il atteigne réellement le but que l'on se propose ? Toute classification doit être simple et complexe : simple, afin que notre esprit puisse la saisir dans son ensemble et ses diverses parties ; complexe, parce qu'elle doit exprimer les rapports naturels des êtres qui sont et très-nombreux et très-compliqués. Or, voyons comment jusqu'ici les diverses synthèses méthodologiques ont satisfait à ces deux conditions vitales de ce point important de la science.

Sans nous préoccuper de l'ordre chronologique, la première conception que l'on eut sur la disposition que les sciences pouvaient affecter les unes à l'égard des autres est celle que l'on peut assimiler à un arbre ou la disposition *dendroïde*. Descartes, en effet, compara leur ensemble à un arbre, et chaque science à ses branches ou rameaux. Cette idée générale devint plus tard la base d'une classification zoologique sur laquelle nous reviendrons, proposée et développée par Pallas et Cuvier. On a proposé aussi la forme pyramidale (d'Alembert), la bicirculaire (Dugès), et la circulaire (MM. Blainville et l'abbé Maupied). Si l'on considère un grand cercle dont la courbe passe par les centres d'autres cercles plus petits, d'inégale grandeur, dont la circonférence est close ou non, suivant le développement que les sciences avaient à l'époque à laquelle ils appartiennent, on aura une idée assez exacte de la manière dont ces deux auteurs ont synthétisé nos connaissances. Nous devons remarquer encore que, pour exprimer la marche de la science selon les divers moments auxquels on l'envisage, ces petits cercles dont les centres sont à la périphérie du grand, peuvent être conçus comme glissant sur sa circonférence, de telle façon que cette courbe, partant d'Aristote, passe par les âges de Galien, d'Albert le Grand, de Lamarck, vient rejoindre son point d'origine, en se terminant par le plus grand des cercles partiels qui est censé représenter l'état actuel de nos connaissances et la manière de les comprendre, tels que ces deux savants les formulent. Ces différents modes de classification sont familiers aux lecteurs, plusieurs expressions auxquelles ils ont donné lieu, sont vulgaires ; nous passerons donc à la méthode naturelle zoologique proprement dite.

Dans ses généralités sur les carnassiers (*Hist. nat. gén. et part.*, t. V, Imp. roy., in-4°), Buffon a proposé de distribuer les chiens dans une disposition analogue à celle que les cartes géographiques nous présentent. L'école philosophique allemande, qui pense que le tout est dans chacune de ses parties, et dont Oken est un des plus illustres adeptes, a eu recours à la forme circulaire, pour figurer l'ensemble des sciences comme pour la zooclassie ; il en est de même de M. Leach, en ce qui concerne l'entomologie. Mais les défauts et les avantages de ces diverses distributions méthodiques des êtres ne peuvent être signalés ici, et le seul de tous ces systèmes sur lequel nous devions revenir est la classification *sériale unilinéaire*. Elle n'est que la réalisation de l'idée de l'échelle des êtres, ou de la série animale pour un cas particulier. Voyons jusqu'à quel point cette idée concorde avec les faits, et si le procédé qui nous la traduit satisfait à cette simplicité et à cette complexité que nous avons signalées comme étant les deux conditions essentielles de toute bonne classification.

Ce fut Bonnet de Genève, philosophe et naturaliste, qui le premier transporta aux faits d'histoire naturelle cette conception de l'échelle des êtres. Il l'avait empruntée à Leibnitz, et placé géographiquement, dans les meilleures conditions, là où finit la science allemande, profonde mais obscure, et où commence l'esprit français, si net et si positif, il tenta de naturaliser chez nous ce que le génie d'outre-Rhin avait inventé. Malheureusement, cette pensée philosophique si séduisante, tout d'abord, par sa grandeur et son imposante simplicité, est loin d'être vraie dans le monde de la réalité, comme nous l'avons fait remarquer dans un article précédent et comme nous le verrons encore mieux par la suite. Toutes les substances, pas plus dans la minéralogie, la botanique que dans la zoologie, ne peuvent se placer sur une seule ligne dont le premier et suprême terme serait Dieu, et le dernier, la plus infime parcelle du monde inorganique. Déjà, qui n'aperçoit cet abîme profond, mystérieux, sans bornes, qui sépare Dieu de l'homme ; cet être fini, périssable de celui qui n'a eu ni commencement ni fin, qui n'a jamais vécu, mais dure toujours ? Nous savons certes les rapports qui existent entre Dieu et l'homme ; nous savons que de quelques côtés que l'homme se retourne il en rencontre un, sinon plusieurs, et ce n'est pas pour les méconnaître ou les nier que nous parlons ainsi, mais pour faire sentir tout ce qu'il y a d'illogique, d'irrationnel, dans cette façon de procéder : de tous les êtres faire une chaîne dont le premier anneau est Dieu, et dont les autres sont l'homme, un animal, une plante, une pierre, la dernière des dernières ébauches du Créateur ! Quelle erreur ! A s'en tenir même à ce que l'on désigne par l'ensemble des trois règnes de la nature, l'échelle des êtres ne peut s'y appliquer.

Evidemment, entre les minéraux et le dernier des végétaux, entre la matière brute et le premier symptôme, le premier linéament d'organisation, il y a un précipice sans fond, de même que entre ce type pris zoologiquement et la plante qui s'en rapproche le plus à tous égards. Il y a donc là déjà entre les trois règnes deux vides, deux *hiatus*, comme on est convenu de les appeler, que l'on ne pourra combler : les êtres mixtes, ainsi que le reconnaissent les défenseurs de l'idée de Bonnet, ne pouvant et n'ayant pu jamais exister. Ces lacunes se rencontrent non-seulement entre ces trois formes générales que revêt la matière, mais encore entre les parties de chacune d'elles prises isolément, et pour que la série zoologique subsistât, par exemple, sans même vouloir qu'elle fût mathématique, croissante ou décroissante, soit arithmétiquement, soit géométriquement, il faudrait que ces sauts infranchissables n'existassent pas : ils sont reconnus, cependant, par tous les naturalistes, partisans ou non de l'idée du philosophe de Genève.

Alors que les études naturelles étaient peu avancées, que le nombre des êtres connus était très-restreint, on découvrait chaque jour des espèces vivantes ou fossiles qui venaient combler les vides que nous avons signalés et relier les groupes entre eux, compléter, en un mot, les anneaux de la chaîne. On pouvait en ce temps croire que les hiatus qui demeuraient seraient un jour anéantis par les découvertes ultérieures. Cela se réalisa en partie; mais, d'un autre côté, ces nouvelles richesses, en justifiant cette prévision, en venant s'intercaler entre les groupes disjoints, tout en comblant les lacunes, outre qu'elles ne les firent pas disparaître complétement, eurent un autre immense inconvénient pour cette classification; car, au lieu de se placer entre deux groupes consécutifs, de leur servir de lien, ces types nouveaux répétèrent les termes déja connus, et la suite, au lieu d'être unilinéaire, fut une collection de petits chaînons paralléliques. Quand bien même ce résultat remarquable, que l'on pouvait prévoir presque à coup sûr, ne se serait point réalisé, l'idée que nous discutons, l'idée de la série animale n'était point applicable aux faits d'histoire naturelle. Que l'on prenne un organe, quel que soit celui que l'on voudra, les circonvolutions du cerveau, par exemple, et il sera facile de voir que cet organe, ces circonvolutions ne se dégradent pas dans l'ordre sérial chez les mammifères. Il suffit d'observer, pour s'en convaincre, les singes, les lémuriens, les ouistitis, les rongeurs, les phoques. A ce point de vue, le phoque tant éloigné de l'homme par l'ensemble de son organisation, serait plus voisin de nous que l'ouistiti qui lui est pourtant de beaucoup supérieur par le reste de son organisme. Quelle différence n'y a-t-il pas entre le poulain naissant, fort, mais inhabile à se servir de ses membres, et le jeune chien aveugle, rampant plutôt que marchant sur le sol ! Et pourtant s'il y avait série, ce qui suppose dégradation dans les organismes, ou complication physiologique et anatomique en allant de la monade à l'homme, ces faits ne devraient point se présenter. Reconnaître avec quelques-uns des partisans de l'échelle des êtres ou de la série animale, expressions d'une même idée, bien que celle-ci soit beaucoup plus restreinte, et que nous employons l'une pour l'autre, reconnaître, disons-nous, que la série n'a lieu réellement entre les groupes que quand on prend la somme des signes qui les caractérisent, ou autrement vouloir que ces sommes diverses qui distinguent ces groupes puissent seules se disposer sur une même ligne, c'est modifier l'idée, la travestir au point de la rendre méconnaissable ; nous irons même au delà, c'est la renverser et la détruire de fond en comble.

Passons en revue l'ordre des primates ou des quadrumanes, peu importe le nom ; on le voit composé de groupes plus circonscrits : les singes, les cynopithéciens, les cébiens et les hapaliens. Il est clair pour tous, et personne n'a jamais pu émettre l'opinion contraire, que l'organisation dans son ensemble, la caractéristique par conséquent des pithéciens est supérieure à celle des cynopéthiciens, que celle-ci l'emporte sur celle des cébiens, et enfin que les hapaliens sont les derniers de tous. Il en serait de même pour les familles des pithécidés et des lémuridés. Mais, en proposant et en adoptant cette modification, c'est-à-dire en supposant que la série est linéaire pour les tribus, les familles, et nous constaterons le contraire plus bas, elle n'en est pas moins sapée par la base. Allons des tribus aux genres, mettons en regard le dernier de l'une d'elles et le premier de la tribu suivante : que voyons-nous? Le genre de celle-là est composé d'espèces inférieures dans la plus grande partie de leur organisation à celles du groupe générique qui vient immédiatement après. Les cynocéphales, les papions, les mandrills, les magots sont certainement moins élevés dans l'échelle animale que le saïmiri ; et cependant, les uns sont des cynopithéciens tandis que le saïmiri est un cébien. Qui, en effet, pourrait dire que le mandrill si féroce et si brutal, avec son museau de chien, son crâne peu volumineux, son cerveau exigu, sa marche de quadrupède, est l'égal pour l'intelligence de ce gracieux animal, de ce saïmiri au caractère sensible et variable, que le même moment voit rire et pleurer ? sa face courte, sa boîte céphalique globuleuse recouvrant des hémisphères cérébraux qui dépassent le cervelet, sa gentillesse, son intelligence tellement grande qu'il peut reconnaître les insectes dont il se nourrit à la vue d'un dessin enluminé, forment certes un ensemble de traits qui le rapprochent autant de l'homme que ceux que nous avons signalés dans le mandrill éloignent celui-ci de nous. Tel est pourtant le résultat auquel on arriverait en acceptant la notion de l'échelle animale dans toute la sévérité de sa conception. La modifier comme nous l'avons dit, c'est la supprimer ; c'est reconnaître avec beaucoup de naturalistes, avec nous-mêmes, à un certain point de vue, cependant, qu'elle est possible pour les tribus, les familles, les ordres, les classes, et à plus forte raison pour les embranchements des trois règnes de la nature. Tout en l'acceptant, nous disons cependant qu'elle se subdivise en plusieurs autres parallèles, et celles-ci en d'autres encore : ceci peut paraître paradoxal, car il y a en quelque sorte contradiction entre ces mots, série unilinéaire et séries paralléliques ; mais cette contradiction n'est qu'apparente et non réelle, ainsi que nous espérons le démontrer en exposant la classification parallélique des mammifères. Ici, une remarque générale, du plus haut intérêt pour les développements ultérieurs de notre pensée, est indispensable à faire.

Quand bien même on admettrait l'existence de types primitifs distincts, principe sur lequel se fonderait tout l'édifice de la méthode, on ne pourrait cependant pas s'avouer qu'il conduirait à la représentation exacte des affinités et des dissemblances des animaux, car on ne peut, d'après ce qui précède, et la suite nous le prouvera surabondamment, espérer de traduire ces caractères, dont nous parlons, quelle que soit la nature du procédé que l'on emploie, soit que l'on adopte la série unilinéaire, l'échelle des êtres, ou la distribution en carte géographique, la forme arborescente, pyramidale, bicirculaire ou circulaire, soit même l'arrangement parallélique. Toutes ces dispositions ou violentent les rapports naturels et multiples des choses par leur simplicité, ou bien jettent la confusion dans notre esprit par la complication qui représente et traduit à nos yeux l'ordre que l'on suppose exister dans la nature. Si la nature est *une* dans son ensemble, comme dans chacune de ses parties, envisagées isolément, elle se trouve tellement diversifiée dans les détails, qu'il est impossible à notre esprit de reconstruire cette unité par quel mode synthétique que l'on voudra. Nous apercevons cette unité, nous la concevons, ou mieux nous la sentons, dans une abstraction extrême, mais nous sommes impuissants à nous la rendre sensible et palpable. L'infini de la multiplicité absorbe nos facultés, et si nous voulons remonter à ce grand tout unitaire, les détails nous échappent alors, comme la synthèse nous fuit dans l'étude analytique de ses diverses parties.

Cela bien établi, le but que la méthode se propose étant irréalisable, la perfectibilité de la science se trouvant ailleurs et placée plus haut, la généralisation des faits, l'étude et la recherche des lois, nous pouvons aborder sans crainte l'exposition de la classification parallélique. Nous n'avons pas à redouter que l'on méconnaisse son importance, ni qu'on lui dénie la haute et immense influence qu'elle est appelée à exercer sur la science. En usant de cet artifice, le but de M. I. Geoffroy-Saint-Hilaire est de chercher à exprimer les rapports des êtres d'une manière plus précise que par les procédés dont nous avons dit quelques mots, en mettant en évidence un plus grand nombre des liens qui les unissent, ainsi que des différences qui les séparent, en même temps que de représenter ces rapports analogues ou différentiels d'une manière plus facile pour notre esprit, plus en harmonie avec la faiblesse de notre intelligence; en un mot, il a voulu éviter les erreurs de l'échelle des êtres sans tomber dans les écueils des autres méthodes; il a voulu, enfin, suivre la nature de plus près et donner à notre intelligence un moyen de pénétrer plus avant dans ses mystérieuses profondeurs.

Lorsque l'on jette les yeux sur la classe des mammifères, on reconnaît bientôt que les groupes qui la composent se répètent les uns et les autres, pour certains d'entre eux du moins. Que l'on considère l'homme (1) et le singe le plus élevé dans la série, le chimpanzé ou celui qui le suit, l'orang-outang, alors on appréciera facilement la justesse et la vérité de notre proposition. Pour établir ce parallèle, envisageons un organe en particulier, la tête, voyons dans quel rapport le crâne est à la face dans les races humaines, ses variétés, les âges divers de leurs individus, puis nous descendrons à l'orang, sur lequel nous opérerons semblablement. Or, l'angle facial, de droit qu'il était dans les individus de la race caucasique, au moment de la naissance, et quelque temps ensuite, va en diminuant de plus en plus, à mesure que l'enfant se développe ; quand l'homme s'avance aux termes de ses jours, à la vieillesse, cet angle descend à 85°,83°, quelquefois plus. Par conséquent, pendant tout ce temps, le crâne qui était dans un rapport supérieur à la face, est allé toujours en diminuant vers ce point extrême et stationnaire que nous avons signalé ; la face a progressé inversement, s'est allongée dans la même proportion. Ainsi, d'une part, toutes choses égales d'ailleurs, atrophie graduelle du cerveau, si j'ose ainsi dire, et développement ascensionnel de la face. Le même fait se reproduit dans les races et dans les individus de ces races. Le nègre, par exemple, aura, fœtus et enfant, un angle facial supérieur à 85° ; puis, peu à peu, la face prédominera sur le crâne ; l'angle descendra par degrés insensibles pour s'arrêter enfin à 75°, 70°, pour rapprocher cette race de l'animalité. Ce n'est donc pas par arrêt du développement, comme on pourrait le penser, que les individus de la race éthiopique sont inférieurs à ceux de la race blanche, mais au contraire par excès de développement. Le fait que nous signalons pour le nègre, comparé au blanc, se retrouve reproduit par les autres races. Ainsi, en observant les variétés qui forment l'ensemble de l'espèce humaine entre elles, on verra que les divers rameaux dont elle se compose

---

(1) L'école de M. Geoffroy ne place pas l'homme parmi les mammifères, et si nous le prenons pour terme de comparaison dans ce cas, c'est comme terme généralement le mieux connu. Nous reviendrons plus tard sur ce point important de philosophie naturelle.

représentent les âges successifs du grand tronc caucasique. Remontons de la race la plus dégradée à celle qui les domine toutes,
celle à laquelle nous appartenons, l'angle facial suivra une marche ascendante ; nous aurons 70°, 75° pour les noirs ; 75°, 80°
pour les Mongols, et 80°,85° pour nous. Mais, en prenant chaque
type en particulier, nous reconnaîtrons que cet angle part de 90
pour aller en décroissant, et se fixer à ces points que nous avons
dit appartenir à chaque variété. Il est clair que dans notre type
on retrouvera des individus qui se rapprocheront des autres races
en dépassant l'angle de 85° qui le caractérise, comme aussi des
Mongols tendront à se confondre avec les nègres. C'est en partant de ces considérations, en tenant compte de ces données, que
M. Serres a pu classer les variétésde l'espèce humaine d'après le
principe du parallélisme.

Présentement, que l'on considère l'animal dont nous parlions,
l'orang jeune, son angle facial se rapproche du nôtre , passe à
celui de la race mongole, franchit celui du type nègre pour s'arrêter enfin à 45°. Dans cet excès de développement, dans cette
décroissance remarquable de l'angle de Camper, la nature intellectuelle de l'animal suit une dégénérescence analogue. De doux,
sociable, gai , facile qu'il était, étant jeune, il devient taciturne,
féroce, intraitable en vieillissant. Si l'on suit la même comparaison sur l'ensemble des singes, on reconnaîtra que tous se dégradent suivant cette même loi. Ils se rapprochent de l'homme d'a-
bord, s'en éloignent de plus en plus en parvenant à leur maturité,
à l'état adulte ; les uns s'arrêtant plutôt, les autres plus tard dans
cette dégradation, dans ce rapport variable qui a lieu entre la face
et le crâne. Mais, comme on le conçoit bien, les termes inférieurs
de la série sont les analogues, dans ces dégénérescences successives selon l'âge des individus, des états permanents des groupes
supérieurs. Ce que nous venons de dire d'un point de l'organisation peut se répéter pour d'autres, et cette même idée s'appliquer
non plus aux individus, selon les temps de leur existence, mais
encore aux espèces et aux genres.

En effet, en observant les types spécifiques et génériques dont
se compose la série des singes de notre continent et des terres

américaines, tous les doutes disparaissent. Si l'on dispose sur un plan incliné selon sa coupe verticale, qui est une ligne droite oblique à l'horizon, quatre groupes de singes qui sont les pithéciens (A), les cynopithéciens (B), les cébiens (C) et les hapaliens (D). Que l'on représente par les lettres a b.... z—a, b, c,...z, —a,, b,, c,, ... z,, —a,,, b,,, c,,, ···· z,,, — disposées en ligne verticale,

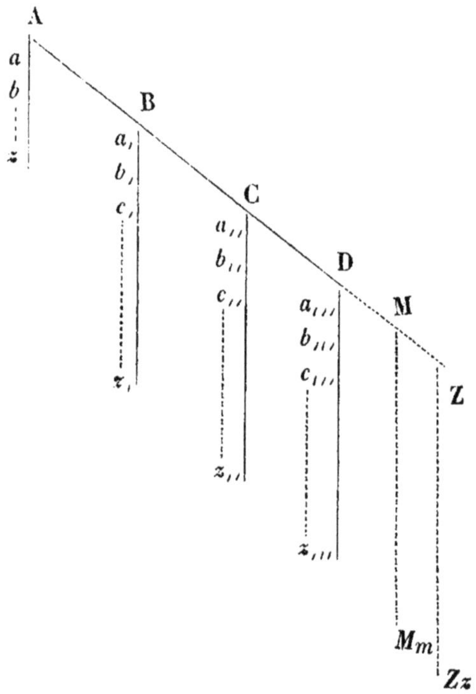

les genres qui rentrent sous chacun d'eux, on voit que le sommet supérieur de chaque verticale remonte plus haut que l'extrémité inférieure de celle qui la précède, ou, pour nous servir d'une expression empruntée à la géométrie, le diamètre du cercle décrit du point (B) comme centre, par exemple, avec (a, b, ...z,) pour rayon est moindre que les intervalles de A à B et de B à C.

moindre que l'espace compris entre le premier groupe et le second, ou que entre celui-ci et le troisième. Il en serait de même
pour toutes les dispositions analogues à celles-ci. Par conséquent
les termes de la coupe $a\,b\,c..z$ en ont qui leur correspondent
dans la suivante, comme la seconde en a dans la troisième, la
troisième dans la quatrième. On reconnaît aussi par là que les
groupes représentés abstractivement par les lettres A, B, C, D, ...
se placent sur une même ligne, mais que les parties qui les composent suivent les verticales. Il est évident que dans ces redoublements de termes quelques-uns peuvent manquer dans la série
générale A B C....Z (nous verrons ça plus bas), comme aussi
dans les séries particulières $a.... z$, $a_{,}... z_{,,}$ $a_{,,}....z_{,,}....$; que
par conséquent tous les termes de $a....z$, n'auront pas leurs représentants dans $a_{,}....z_{,,}$ et réciproquement.

Ce que nous venons d'exposer brièvement peut nous rendre
compte des difficultés que les classificateurs ont rencontrées,
quand ils ont voulu classer les singes, et des méprises qu'ils ont
commises. Les singes de l'ancien continent et ceux du Nouveau-
Monde forment deux séries distinctes avons-nous dit. En représentant les groupes qui les composent par les lettres A B... M... Z
pour l'une, par A′ B′.... M′.. Z′ pour l'autre; si on veut les
distribuer méthodiquement, on ne peut procéder que de trois
manières différentes, si l'on n'accepte pas notre idée du parallélisme. Nous n'avons pas besoin de remarquer que les termes
correspondants ou non peuvent manquer dans ces deux séries.
Si on désire les placer linéairement, il faudra les disposer ainsi :

A B.. M.. Z.A′. B′... M′.... Z′.,

ou bien intercaler entre les termes de la première suite ceux de
la seconde, les fusionner, ce qui donne l'arrangement suivant :

A A′, B B′,.... M M′,.... Z Z′.,

ou si l'on ne veut pas de ces deux modes, admettre le troisième
A. B.... M... Z Z′.... M′... B′ A′., disposition que l'on peut
représenter par une échelle double reposant sur le sol par son
sommet : les deux bras étant dirigés en haut, les échelons se
correspondraient.

Tous ces arrangements n'ont pu satisfaire ni à la nature des choses ni aux conditions logiques que notre esprit impose à toute classification. La première conception a été irréalisable, car en partant de l'homme pour marcher aux quadrupèdes, on avait bien une série linéaire en prenant les singes de notre hémisphère ; mais arrivé au dernier de ce groupe, on rencontrait le saïmiri, et alors on remontait vers l'homme pour redescendre ensuite aux types mammalogiques inférieurs. Les premiers cébiens sont tellement supérieurs aux cynocéphales, qu'il était choquant de placer le saïmiri, par exemple, immédiatement après le mandrill. Impossible a-t-il été donc de réaliser de cette manière la série unilinéaire, ce que voyant les auteurs, Cuvier et E. Geoffroy-Saint-Hilaire, ils essayèrent du second moyen. Ils intercalèrent entre chaque groupe de la première série leurs analogues de la seconde ; mais ce procédé était tellement contraire aux rapports naturels que, deux ans après l'avoir essayé, c'est-à-dire en 1796, ils y renoncèrent, et nous ne pensons pas que depuis jamais aucun auteur y soit revenu.

En effet, les singes du nouveau continent forment un groupe tellement naturel, tellement insécable, ainsi que ceux de l'ancien, qu'il est impossible de séparer ceux d'une section pour les réunir à ceux de l'autre. Les américains ont six molaires, une queue forte, prenante, le plus souvent, et formant alors un cinquième membre d'une importance extrême ; ils manquent d'abajoues et de callosités. Ceux au contraire de notre hémisphère ont trente-deux dents comme nous, ou cinq molaires de chaque côté et à chaque mâchoire, des abajoues, des callosités, et leur queue, nulle ou bien développée, n'est jamais ni prenante ni enroulante ; elle leur sert tout au plus de balancier pour la marche. Les caractères de ces deux séries sont tellement tranchés, les liens qui unissent leurs termes entre eux tellement forts et naturels, que cette seconde disposition a dû être abandonnée comme la précédente. Restait la troisième ; mais qu'avons-nous besoin de signaler les inconvénients et l'absurdité à laquelle elle conduit ? Puisque le saïmiri ne peut se placer après le cynocéphale, comme on veut de toute nécessité que les animaux puissent se disposer sur une même ligne, on fera suivre le cynocéphale du dernier des hapaliens et des hapaliens on remontera aux cébiens, au saïmiri, de telle façon que l'on s'éloignera de l'homme pendant un certain temps, puis, sur le point de toucher aux quadrupèdes, on remontera vers le type d'où l'on était parti, on remontera vers le type humain.

Ces trois dispositions de zooclassie partielle ne pouvant être adoptées, il faudra dès lors recourir à celle que nous indiquons et procéder par voie parallélique : vous aurez un chemin qui vous conduira de l'homme aux mammifères par les singes de notre continent, et, à un moment donné, viendra commencer une seconde suite de termes qui seront les analogues des premiers sans pouvoir ni les suivre ni se fusionner avec eux. Donc, de notre type au type quadrupède proprement dit, il y a deux échelles d'inégale grandeur et d'inégal point de départ par rapport à nous.

Il y a donc conséquemment multiplicité de séries organiques dans les individus d'un type, dans ses variétés ; multiplicité de séries pour les espèces, les genres d'une même tribu ; multiplicité de séries pour les tribus d'une même famille, les familles d'un même ordre. Voyons si cette même multiplicité se reproduira pour les ordres entre eux et pour les coupes plus élevées d'une même classe.

Comparons le groupe des insectivores, dans l'ordre des carnassiers, à celui des rongeurs. Dans le premier, nous avons cinq formes générales, et ces cinq formes nous seront représentées par la musaraigne, le macroscélide, le tupaïa, le desman, la taupe : ce sont des animaux qui marchent, sautent, grimpent, nagent ou fouissent. Ces cinq formes se retrouvent encore chez les rongeurs, et, en suivant le même ordre, nous aurons la souris, la gerbille, l'écureuil, l'ondatra, ce frère cadet du castor, ainsi que l'appellent les Indiens, et enfin le rat-taupe.

L'analogie entre la musaraigne et la souris a dû être bien frappante, puisque ces deux animaux appartenant à deux ordres distincts portent cependant le même nom. Il en sera du type sauteur comme du type marcheur ; le macroscélide est la gerbille des insectivores, comme, dans l'ordre des rongeurs, l'écureuil en est le tupaïa ou le grimpeur. Pour ceux-ci, même pelage, mêmes mœurs, même queue distique : tout, jusqu'au nom, est semblable, car tupaïa dans une langue a la même signification que le mot d'écureuil dans la nôtre. Cette analogie se retrouve dans le desman et l'ondatra, les animaux nageurs de ces deux ordres, et avec une exactitude vraiment frappante, ces deux animaux ayant chacun, et ce sont les seuls mammifères qui nous présentent ce caractère, une queue comprimée en forme de lame de sabre. Que l'on passe au type fouisseur, l'un des plus remarquables chez les insectivores, et l'on ne sera pas peu surpris de retrouver un terme analogue dans la série des rongeurs. Tout le monde connaît la taupe : son poil soyeux, sa queue courte, ses pieds en forme de pelle, instruments admirables pour fouir, ses yeux nuls ou à peu près, son nerf optique rudimentaire et se rendant à la cinquième paire en font un animal à organisme exceptionnel. La nature cependant a une telle tendance à l'homologie dans les individus, à la répétition des formes organiques dans les genres, les tribus, les familles, les ordres, qu'elle reproduit chez les rongeurs, par les rats-taupes, cette même organisation superficielle ; elle va encore au delà, car elle descend jusqu'à la reproduction de ces détails. Aussi les naturalistes, qui les premiers firent connaître les rats-taupes, ne pouvaient-ils les dénommer d'une manière plus heureuse.

Remarquons que les ressemblances des termes sont si grandes que, les museaux enlevés, on ne pourrait pas dire si l'animal dont on a la peau est un insectivore ou un rongeur : l'écureuil et le tupaïa sont dans ce cas. Ce n'est donc pas, comme on l'a prétendu, dans les analogies dentaires que M. Geoffroy a puisé l'idée de leur parallélisme, mais bien dans les ressemblances de leur forme, de leur aspect général. Ce que nous disons là pour ce cas particulier se répéterait pour l'ensemble des insectivores et des rongeurs. En général, ceux-ci sont de proportions plus fortes, ont un museau plus court (ce qui dépend de la forme du système dentaire) que les types qui leur correspondent dans les insectivores où la taille est moindre et le museau plus allongé.

Si nous ne craignions de multiplier par trop ces exemples de séries paralléliques partielles, nous aurions signalé dans les insectivores un animal marcheur, le hérisson, dont les poils sont transformés en piquants et dont l'analogue dans les rongeurs est le porc-épic.

Dès 1829, M. I. Geoffroy-Saint-Hilaire s'était aperçu de ce parallélisme que nous venons d'exposer et qui existe entre l'ensemble des insectivores et l'ordre des rongeurs. Comme le premier est très-peu nombreux en genres et en espèces, ce qui est le contraire du second, il est évident que toutes les formes de celui-là pourront bien se rencontrer dans le dernier, quoiqu'il n'en soit pas ainsi forcément, mais non réciproquement. En effet, jusqu'en 1820, époque où l'on découvrit le tupaïa, le grimpeur faisait défaut chez les insectivores. Maintenant tous les termes de la série des insectivores ont leurs correspondants dans celle des rongeurs, mais il est encore beaucoup de formes de ce dernier qui n'ont et n'auront probablement jamais d'analogues dans ce sous-ordre des carnassiers.

Telle que nous venons de l'exposer, cette idée du parallélisme dans la série des êtres a déjà produit dans la science les plus heureux résultats, et M. Geoffroy n'est pas le seul qui en ait poursuivi l'exécution. M. Serres, dans ses cours, au Muséum, notre ami, M. le docteur Pucheran, l'ont essayé pour une classification anthropologique naturelle et méthodique. M. Brizout de Barneville en a fait une application à la classe des poissons. En suivant ce même procédé pour les ophidiens et les sauriens, qui jusqu'alors n'avaient offert aux naturalistes qu'un labyrinthe sans issue, M. Bibron a pu y mettre de l'ordre, débrouiller ce chaos, et jeter un peu de lumière là où tout était ténèbres et confusion. M. Brulé a aussi porté ce même flambeau dans l'entomologie ; des phytologistes, MM. Martins et Payer, ont marché dans la même voie pour la botanique, voie qui avait été ouverte depuis longtemps, pour un cas particulier, par M. Dunal, dans une classification des anonacées. Tout nous fait espérer que si le parallélisme a lieu entre les espèces vivantes, il se manifeste encore dans les espèces fossiles comparées entre elles, et à celles qui leur ont succédé. Jusqu'à ce que cette notion fût introduite dans l'étude des monstruosités, la tératologie offrait des difficultés presque insurmontables, et une bonne classification y était impossible ; mais M. Isidore Geoffroy-Saint-Hilaire a vu là son procédé lui servir admirablement et le conduire à une distribution méthodique plus logique que par la disposition unisériale.

Evidemment, si M. Isidore Geoffroy s'en était tenu là, à reconnaître qu'il y a parallélisme entre les insectivores, et partie des rongeurs (1829), comme aussi entre les grimpeurs et les syndactyles pour les oiseaux (cours de 1832), son œuvre eût été incomplète, il devait nécessairement s'élever à des comparaisons de groupes supérieurs aux ordres, ou mieux voir si les mammifères ne pouvaient pas se disposer sur deux ou plusieurs séries paralléliques ayant des termes analogues, se correspondant deux à deux, trois à trois. C'est ce qu'il tenta dans son cours, au Muséum (1837), essai qu'il compléta depuis et qu'il a résumé dans son tableau de la classification parallélique des mammifères (cours de 1844-45), dressé par M. Payer, et dont il nous reste à dire quelques mots.

Depuis longtemps on avait prévu le dédoublement de la série mammalogique en deux autres, dont l'une comprenait deux des nôtres ; la seconde étant la même, et se composant des marsupiaux et des monotrèmes. L'idée première du parallélisme dans le règne animal remonte à M. Et. Geoffroy-Saint-Hilaire, comme en ce qui concerne la classe des mammifères. Il est juste de dire que Buffon, en parlant des corbeaux, remarque qu'il y en a six espèces, trois grandes et trois petites, et que celles-ci peuvent être considérées comme ayant des formes générales parallèles à celles des grandes.

En 1803, à propos des péramèles que rapportèrent Péron et Lesueur, M. Et. Geoffroy pose en thèse générale que « la nature « ne connaît pas, à proprement parler, de séries continues ni de « *chaînes dans une direction unique.* » Mais, « en 1796, à l'occa- « sion des animaux à bourse, dit M. Isidore Geoffroy (*Vie, tra- « vaux*, etc. *d'Et. Geoffroy-Saint-Hilaire*, p. 70), tout en mainte- « nant l'unité de ce groupe, il (Et. Geoffroy) en compare les

« divers genres, les diverses formes aux genres, aux formes ana-
« logues déjà connues parmi les mammifères ordinaires, et fait
« le premier pas vers l'admission d'une série parallèle ; par con-
« séquent, vers la conception dans un cas particulier de cette
« *classification paralléliqne,* qui commence à peine aujourd'hui à
« être comprise. » M. Cuvier, ce génie puissamment observateur,
cet esprit analytique par excellence, ne pouvait laisser passer
inaperçu ce parallélisme des marsupiaux et des mammifères ordinaires. Après avoir exposé les caractères généraux et la classification des mammifères onguiculés, il ajoute : « Cette classifica-
« tion des animaux onguiculés serait parfaite et formerait une
« chaîne très-régulière (ce qui n'est pas exact, car on pourrait
« supprimer l'ordre des chéiroptères, et passer en conséquence
« plus naturellement des primates aux carnassiers), si la nouvelle
« Hollande ne nous avait pas fourni récemment une petite *chaîne*
« *collatérale,* composée des animaux *à bourse* dont tous les gen-
« res se tiennent entre eux par l'ensemble de l'organisation, et
« dont cependant les *uns répondent aux carnassiers,* les *autres aux*
« *rongeurs,* les *troisièmes aux édentés,* par les dents et par la na-
« ture du régime. » Cette exposition du parallélisme entre les
mammifères *ordinaires* et ceux *à bourse* est parfaite, sauf en un
point.

M. Cuvier supposait que les animaux pouvaient affecter dans
nos méthodes la disposition qu'offre un arbre dans son tronc,
ses rameaux, ses ramuscules, ainsi que son expression d'embranchement du règne animal le fait assez voir. Cette idée vraie à un
certain point de vue, tous les mammifères, par exemple, ont un
caractère commun, celui de la viviparité, est fausse sous un autre.

En envisageant, en effet, la famille des singes, nous l'avons vue se
subdiviser en deux séries ; or, nous disons que ces séries ne sont
pas *collatérales,* mais *parallèles.* Si elles peuvent se comparer à un
arbre dont le *tronc* représenterait la famille et les deux *branches,*
l'une, l'ensemble des singes de notre hémisphère, l'autre ceux
d'Amérique, si ces deux séries sont *collatérales,* elles ont une origine, une souche communes. Mais, ni l'Amérique, ni l'ancien continent ne nous offrent un type de primate mixte, ayant par égale

part les caractères d'un groupe et ceux de l'autre. Il en est de même des marsupiaux et des mammifères ordinaires. Entre ceux-ci et leurs congénères, il n'y a pas de type mixte, pas de terme intermédiaire. Par conséquent, M. Cuvier, au lieu de dire que la chaîne des marsupiaux était *collatérale* à celle des autres animaux de la même classe, aurait dû dire, au contraire, qu'elle était parallélique, pour rester dans la vérité des termes et de la nature des choses.

Il nous paraît donc tout à fait inutile et superflu d'exposer plus longuement ce parallélisme qui a lieu entre les mammifères ordinaires et les mammifères à bourse. Nous avons par conséquent là déjà deux séries dont les termes analogues se rencontrent dans les carnassiers, les rongeurs, les édentés. Tous les types d'une série ne correspondent pas à ceux de l'autre, et réciproquement. Ainsi, ni les primates, ni les tardigrades, ni les chéiroptères, les ruminants, les pachydermes (quelques auteurs en doutent), n'ont de représentants dans les marsupiaux; et, bien que ceux-ci soient les moins nombreux en ordres, genres et espèces, les semi-rongeurs (phalangers, kanguroos, phascolarctes) manquent dans la série entière des mammifères ordinaires. Il est évident que nous ne voulons pas dire que jamais on n'y rencontrera ces termes similaires qui manquent, bien que ce soit très-problable pour un grand nombre, à ne pas dire tous.

On a essayé de plusieurs moyens, quant à la distribution générale des marsupiaux par rapport à la classe entière des mammifères. M. Cuvier les plaça d'abord après les carnassiers, entre l'ordre de ce nom et les rongeurs. Cette place ne pouvait leur convenir. De l'homme au phoque, on avait une série offrant les caractères généraux de reproduction et de système nerveux que nous présente l'ensemble de la classe, mais là, on arrivait à des êtres d'une organisation très-différente, soit pour les organes de la génération, soit pour ceux de l'innervation. Aux rongeurs, on reprenait ces premiers caractères communs mammalogiques. Voyant cet illogisme de distribution, M. F. Cuvier crut le corriger et tomba dans une plus grave erreur, puisqu'il la multipliait en plaçant, dans chaque groupe des mammifères ordinaires, leurs analogues, ayant une génération marsupiale. Alors l'ordre des carnassiers se subdivisait en carnassiers ordinaires et marsupiaux ; il en était de même des rongeurs et des édentés. Ces deux modes de distribution correspondent, du reste, à ceux que nous avons dit avoir été tentés pour les primates. Toutes ces aberrations de zooclassie viennent de ce que l'on se figure que la série animale est unilinéaire et non parallèle. En effet, M. de Blainville distingue les mammifères en monodelphes et en didelphes. Les premiers forment une chaîne unique que suit celle des seconds, les ornithodelphes (ornithorhynque et échidné) reliant les marsupiaux à la classe des oiseaux. Pour M. de Blainville, comme pour M. Cuvier, et peut-être encore plus, les marsupiaux et monotrèmes forment un chaînon distinct de la grande chaîne mammalogique, puisque pour lui ce chaînon est l'anneau qui rattache les mammifères aux oiseaux. Ne pouvant pas nous appesantir plus longtemps sur ces détails de classification, nous passons en conséquence à notre troisième série qui comprend les mammifères à bassin nul ou rudimentaire, ou mieux encore les mammifères remipèdes, à vie, soit aquatique, soit semi-aquatique.

En observant la série mammalogique, on la voit se diviser en deux séries parallèles, avons-nous dit, comprenant, l'une les mammifères à parturition ordinaire, l'autre les mammifères à parturition marsupiale. Mais cette première série se subdivise pour nous en deux autres, caractérisées par les habitudes locomotrices générales des animaux qu'elles comprennent, et par l'organisation adaptée à leur séjour. Parmi les mammifères que nous considérons, la plus grande partie vit sur la terre, ce sont les quadrupèdes, les autres habitent au sein des eaux ou sur le rivage de la mer, à l'embouchure des grands fleuves. Cette troisième série comprend des carnassiers (phoques, morses), des pachydermes (siréniens, dugong, lamantin), des édentés (cétacés, dauphin, baleine, cachalot). L'importance des deux premières séries a été généralement comprise, mais il n'en a pas été de même pour cette dernière. Deux mots suffiront pour mettre en évidence l'impossibilité de ne pas l'admettre. Citons un exemple : M. Cuvier, d'après certains détails d'organisation, place les siréniens en tête des cétacés; mais, d'un autre côté, M. de Blainville, s'appuyant sur des considérations biologiques, de régime, de nutrition, observant que les siréniens ont des dents dissimilaires, une mastication par conséquent, un estomac compliqué, les place avec les pachydermes. Ces deux naturalistes ont également tort et également raison. Les siréniens sont des cétacés, mais si on ne les met en tête de cet ordre, comme le veut M. Cuvier, on brise le lien qui les unit aux pachydermes; si, d'autre part, avec M. de Blainville, on les classe parmi les pachydermes, on respecte bien quelques-unes de leurs affinités, mais on rompt celles qui les rapprochent des édentés aquatiques. On ne peut donc les considérer absolument ni comme cétacés, ni comme pachydermes: où les placer donc? Notre méthode répond victorieusement à cette question et lève toutes les difficultés.

Tous les mammifères, avons-nous dit, peuvent se ranger sous trois lignes paralléliques : si vous allez de haut en bas ou de bas en haut, selon que vous suivrez la voie ascendante ou descendante dans la complication des organismes, vous aurez les rapports de M. Cuvier; les siréniens seront les premiers des cétacés; si, au contraire, vous procédez transversalement, vous avez les analogies de M. de Blainville; mais, dans le premier cas, vous respectez ces dernières, puisque les siréniens ne sont pas confondus avec les cétacés, et dans le second, vous tenez compte des autres, car les mêmes animaux ne sont pas rangés avec les pachydermes. Nous croyons inutile de justifier plus amplement la nécessité de cette troisième série, et la valeur logique et naturelle des groupes qui la composent.

Pour nous résumer, l'ensemble des mammifères forme une suite qui est non-seulement bisériale, mais trisériale. En allant de ces trois divisions aux groupes qui la composent, on voit ces groupes se répéter les uns les autres dans chacune d'elles, ainsi que nous l'avons remarqué entre les insectivores et les rongeurs. Que si l'on descend à des subdivisions plus restreintes, cette multiplicité de séries se reproduit : les primates nous en ont donné un exemple. Enfin, si l'on marche encore un pas de plus, le même fait se reproduit : rappelons ce que nous avons dit de l'angle facial dans l'homme et ses variétés. La nature se répète donc dans les embranchements, les classes, les ordres, les individus du règne animal. Elle prend un type, le manie, le façonne à sa guise et fantaisie, sans sortir cependant des lois et des formes que Dieu lui a imposées ; et quand elle passe d'un type à un autre, quand elle pétrit dans un nouveau moule la matière vivante, c'est comme à regret qu'elle délaisse l'ancien : elle conserve à ce nouveau-né comme forcément quelques-uns des caractères extérieurs ou profonds de son aîné, afin qu'on ne puisse méconnaître leur commune origine, leurs liens de parenté.

Cette distribution méthodique des êtres de la chaîne mammalogique remplit, selon nous, le double but auquel toute la classification doit tendre : simplicité et complexité. Aussi simple dans son procédé que la méthode unisériale, puisque nos séries sont accolées au lieu d'être posées bout à bout, la nôtre a un avantage : elle exprime des rapports plus nombreux que ceux qui existent quand on place les êtres les uns au-dessus des autres ; de plus, les résultats auxquels elle arrive ne fatiguent pas notre esprit ainsi que le font les dispositions dendroïdales, circulaires, etc., par la multitude des rapports que ces dernières veulent exprimer.

Notre tâche serait remplie si nous n'avions à répondre à quelques préventions et à quelques objections. On a prétendu que l'idée du parallélisme et son application n'étaient pas choses nouvelles dans la science, et que la méthode de M. Geoffroy-Saint-Hilaire n'était que celle de M. Swainson. L'idée du parallélisme n'est pas un fait nouveau dans la science, c'est vrai : Buffon, E. Geoffroy-Saint-Hilaire, Cuvier, de Blainville l'ont conçue comme nous avec des différences, surtout en ce qui concerne son application. Tous ces auteurs, du reste, comme M. I. Geoffroy-Saint-Hilaire, n'en avaient eu la pensée que pour des applications à des groupes partiels ; ils n'avaient pas soupçonné que cette idée pouvait donner lieu à une nouvelle forme de classification générale, d'une classe, d'un embranchement, d'un règne, etc., bien loin d'en tenter l'exécution, comme l'a fait M. I. Geoffroy depuis

1832, pour les mammifères et les oiseaux. Quant à confondre la méthode de M. Swainson avec celle que nous exposons, c'est, nous le croyons, se laisser aller à une grossière erreur.

En effet, M. Swainson, procédant d'après les idées des philosophes de la nature qui veulent retrouver le tout dans chacune de ses parties, ainsi que déjà nous l'avons fait remarquer, l'unité totale dans les unités partielles qui la composent, trace sous un même cercle qui représente la famille des primates, je suppose, trois autres courbes tangentes circulaires, elliptiques, qui sont les représentations des groupes typiques, sous-typiques et aberrant : l'orang, le cercopithèque, le cynocéphale en sont les trois termes mammalogiques. Le macaque et le papion appartenant au groupe aberrant viennent se ranger sous le cynocéphale. Par conséquent, il distingue cinq coupes dans l'ensemble des singes de l'ancien continent. Jusque-là l'analogie entre notre méthode et celle de M. Swainson est peu visible, car lui marche à la représentation des analogies et des différences des êtres par une voie qui a plus de rapport avec celle de Buffon qu'avec la nôtre, essentiellement et fondamentalement sériale. Mais allons plus loin. Selon le zoologiste anglais, chacun de ces cinq groupes trouve son correspondant dans le reste des mammifères. Ainsi, les orangs sont les analogues de tous les cercopithèques, des carnassiers ; les papions, des cétacés ; le magot, des herbivores ; le macaque, des rongeurs. Pourquoi ces analogies ? C'est que les orangs sont graves, intelligents, inoffensifs, et que les primates nous offrent en général ces caractères. Le cercopithèque, lui, est l'image des carnassiers en ce qu'il est comme eux malicieux, méchant. Le papion représente les cétacés, parce qu'il a une grosse tête, tandis que le macaque avec sa queue longue rappelle les rongeurs. Ainsi, M. Swainson, car nous ne pouvons justifier ni critiquer ces rapprochements, ne prend pas l'ensemble de l'organisation, des caractères, pour établir les rapports qu'il aperçoit, mais il passe des uns aux autres, au moyen de considérations très-différentes. La base de sa comparaison, intellectuelle, si je peux dire ainsi, chez le primate, l'orang, deviendra tout autre quand il en sera aux macaques et aux rongeurs. Oserons-nous dire que le magot est l'analogue des herbivores, parce qu'il a comme ces derniers une huppe de poils sur la tête? et encore l'inuus seul nous offre-t-il ce caractère. Pour nous, nous fondons notre distribution parallélique sur l'ensemble de l'organisation, en tenant compte des modifications secondaires et non pas sur des caractères qui varient à chaque être que l'on considère et qui n'appartiennent pas uniquement à lui seul, ce qui n'a pas lieu chez M. Swainson. En effet, pour lui, l'orang est l'analogue des primates, parce qu'il est inoffensif, et quelques pas plus loin, un primate l'est d'un carnassier, parce que ce primate, ce cercopithèque est méchant. Il y a là une contradiction tellement forte, saillante, qu'elle offusque et choque le plus simple bon sens.

Si l'on considère notre classification et celle de Cuvier, on trouvera que, sauf l'arrangement des groupes, elles sont les mêmes ; et, en ce point, nous nous rencontrons avec lui, comme il s'est rencontré avec Linnée, ainsi que l'a fait voir M. Isidore Geoffroy lorsqu'il a eu établi sa classification mammalogique, telle, ou à peu près, qu'il nous l'a laissée. Nous devons remarquer encore que chacune de nos séries est indépendante des deux autres. De l'homme on peut descendre aux oiseaux par les primates, chéiroptères, carnassiers, rongeurs, pachydermes, ruminants, édentés ordinaires ; ou bien, par les mammifères marsupiaux : carnassiers, rongeurs, édentés ; ou encore, partir des phoques et des morses, pour arriver aux siréniens, aux cétacés, et de là à la série ornithologique. Ainsi, il n'y a aucune liaison absolue, aucun lien de parenté entre tous les édentés des trois suites, sauf les rapports généraux que les mammifères ont entre eux, et, pour passer du pangolin aux cétacés, on n'est pas obligé de trouver comme point d'union les monotrèmes, l'ornithorhynque ou l'échidné. Ces trois formes typiques sont indépendantes l'une de l'autre.

Mais, dans toute cette distribution des êtres du règne animal, nous avons entièrement négligé l'homme. Doit-il être un genre des primates, ainsi que le voulait Linnée, ou un ordre des quadrumanes, selon le sentiment de Cuvier ; ou bien doit-on en faire, d'après MM. Daubenton, Etienne et Isidore Geoffroy-Saint-Hi-

laire, Serres. un règne à part, le règne humain , hominal ou anthropologique ? Sur quelles considérations peut-on et doit-on
s'appuyer pour établir cette quatrième grande coupe dans l'ensemble général des êtres ? Est-ce sur l'anatomie, la physiologie,
l'embryogénie ou sur des caractères purement zoologiques, ou
sur des preuves puisées à ces différentes sources et corroborées
par celles que fournit son intelligence, sa perfectibilité, sa mora-
lité, le respect qu'il se doit comme individu et comme enfant de
la grande famille humaine , est-ce, dis-je , sur cet ensemble
imposant et majestueux de considération que doit reposer une
si fondamentale distinction ? Ce sont la autant de questions dont
les réponses convenables à chacune nous entraîneraient trop
loin, mais auxquelles nous espérons donner sous peu tous les
développements qu'elles réclament.

Arrivé à ce point du cours d'ornithologie de M. Isidore Geoffroy-Saint-Hilaire, on conçoit qu'il ne peut entrer dans notre plan
de donner sa classification des oiseaux, et de le suivre dans l'exposition des considérations auxquelles conduit un semblable travail. Qu'il nous suffise de remarquer en passant que la classification mammalogique repose essentiellement sur les organes de la
locomotion , tandis que, pour l'ornithologie, les caractères tirés
de ces organes n'ont été que secondaires.

Par cet ensemble d'analyses, nous avons cherché seulement à
exposer et à discuter les lois générales de l'organisation, les systèmes adoptés pour s'en rendre compte ; à résumer l'état actuel
de la science au point de vue de la philosophie zoologique, et surtout à mettre en lumière les idées nouvelles du professeur sur les
moyens à suivre pour perfectionner la classification, pour la
rendre plus adéquate à la nature des choses , sans cependant
qu'elle puisse jeter de confusion dans notre esprit. Tous les audi-
teurs de M. Geoffroy-Saint-Hilaire, qui nous liront, regretteront
avec nous de ne pas retrouver ici tous ces détails si curieux , si
intéressants sur les mœurs, les habitudes, les instincts, l'organisation extérieure et profonde des oiseaux ; sur leur nidification quelquefois si admirable, leur distribution géographique, leurs habitudes voyageuses pour beaucoup d'entre eux ; sur les avantages

et les inconvénients qu'ils nous présentent, leurs ruses, leurs armes pour la défense ou l'attaque ; sur les préjugés, les croyances religieuses ou populaires qui se sont attachés à quelques-uns d'eux ; sur la fauconnerie, ce noble exercice de nos pères, etc. Ils regretteront de même, et avec plus de raison, de ne pas reconnaître cette facile élocution , cette clarté et cette lucidité d'exposition , cette chaleureuse et sympathique parole, toutes qualités qui distinguent si éminemment le professeur. Nous avons essayé, autant qu'il a été en notre pouvoir, de reproduire avec fidélité et exactitude les idées du cours : avoir réussi , c'est le seul mérite auquel nous osions aspirer. Toutefois, en terminant, qu'il nous soit permis de témoigner de notre profonde et respectueuse reconnaissance pour le Maître qui a bien voulu corriger les écarts de notre plume inexpérimentée, guider nos premiers pas dans la carrière des sciences naturelles, et qui n'a cessé depuis de nous honorer des conseils de la plus parfaite et de la plus affectueuse bienveillance.

Paris, Paul Dupont.